慕课版

# 图形图像处理从入门到实战
## ——Photoshop实操工作手册

主　编　贾　嘉　严　明

参　编　吴玲萱　卢　帅　阮靖萍

主　审　邹新宇　谭明霞

U0233914

北京理工大学出版社

BEIJING INSTITUTE OF TECHNOLOGY PRESS

## 内 容 提 要

本书是一本依托国家精品在线开放课程所编写的手册式教材，对标"数字影像处理职业技能认证"的各项能力要求，紧密围绕图像修饰、广告图像处理、包装图像处理、写真图像处理等核心能力，以实际工作情景为主解析图像处理的重难点。本书共10个项目，分别是开启旅程——认知专业术语、小试牛刀——完成个人证件照的制作、点亮技能——完成设计初体验、夯实基础——解开图文混排的密码、能力进阶——打开"样式调整"的宝箱、锤炼技能——成为图像修复的能工巧匠、秘境探寻——在色彩缤纷的世界自由翱翔、创意无限——乐享图像合成的奇妙之旅、事半功倍——掌握提升工作效率的一些技巧、设计师的成长之路——各类设计案例解析。本书以项目式的结构对图形图像处理所需的各类技术要领进行逐一分解，深入浅出地引导读者掌握图形绘制、文字编排、图像精选、照片优化、颜色调整、广告制作、创意表达等各类实用技能。

本书可作为高等院校数字媒体相关专业的教材，也可作为设计爱好者的参考用书。

**版权专有　侵权必究**

## 图书在版编目（CIP）数据

图形图像处理从入门到实战：Photoshop实操工作手册：慕课版 / 贾嘉，严明主编.--北京：北京理工大学出版社，2024.7

ISBN 978-7-5763-3489-0

Ⅰ.①图… Ⅱ.①贾… ②严… Ⅲ.①图像处理软件 Ⅳ.①TP391.413

中国国家版本馆CIP数据核字（2024）第036848号

| | | | |
|---|---|---|---|
| **责任编辑**：钟　博 | | **文案编辑**：钟　博 | |
| **责任校对**：刘亚男 | | **责任印制**：王美丽 | |

**出版发行** / 北京理工大学出版社有限责任公司

**社　　址** / 北京市丰台区四合庄路6号

**邮　　编** / 100070

**电　　话** / （010）68914026（教材售后服务热线）

　　　　　（010）68944437（课件资源服务热线）

**网　　址** / http：//www.bitpress.com.cn

**版 印 次** / 2024年7月第1版第1次印刷

**印　　刷** / 河北鑫彩博图印刷有限公司

**开　　本** / 889 mm×1194 mm　1/16

**印　　张** / 11

**字　　数** / 358千字

**定　　价** / 89.00元

图书出现印装质量问题，请拨打售后服务热线，负责调换

# PREFACE
# 前 言

党的二十大报告中明确提出要推进教育数字化。本书是结合国家精品在线开放课程"Photoshop图形图像处理技术"开发的一本新形态教材，也是一本适用于本、专科各类专业学习"数字影像处理"课程的通用教材。本书坚持"以产引教、以产定教、以产改教、以产促教"的发展模式，邀请多位行业专家参与设计案例的遴选，以"核心素养"为导向，强调关键能力的培养，坚持将技术技能人才的培养放在岗位能力需求的基础上。本书在内容选取上紧密围绕"图形图像处理"这一核心职业能力，按照习得职业技能的内在逻辑和数字媒体设计师职业能力的递进方式对传统的Photoshop教材进行了重构和整合，将所有的理论知识融入实践项目，将不同层级、不同难度、相同类型的技能要点归纳总结为同一个项目，以项目式的内容编排突出软件教学的实操性。

本书最大的特点是将教学内容与职业岗位需求紧密结合，"课中测"选取了大量对标"'1+X'数字影像处理职业技能等级证书"认证考试的知识点，利用信息化手段为所有讲授的实例设置了视频讲解二维码，读者可以通过手机扫码观看教学视频，总时长超过1 000分钟，同时读者也可以下载附录中的配套资源包进行学习。本书面向的对象是Photoshop（建议使用Photoshop 2020以上版本）的初学者及图像后期处理的爱好者。在全书知识体系的构建中始终围绕"软件应用能力的提升"这一主旨，全书共10个项目：项目1~项目4为基础训练部分，分别围绕软件基础介绍、工具命令应用、图文混排等相关知识循序渐进地解析Photoshop图像处理的基本技巧；项目5~项目8为能力提升部分，深入讲解图层样式设置、图像修复、图像颜色调整、照片后期处理、图像抠选及合成等多个核心技巧；项目9、项目10为设计师职业素养提升部分，深入讲解高效处理图像的技巧、神奇的滤镜及众多具有代表性的平面设计实例。另外，为了鼓励购买本书的读者自主学习，大家还可以登录"爱课程（中国大学MOOC）"平台参与"Photoshop 图形图像处理技术"这门在线开放课程的学习，该课程由贾嘉老师主讲，读者可以通过在线留言及论坛答疑的方式与课程团队进行交流。为了弥补本书篇幅有限的不足，在线课程中还补充了大量实用的软件操作技巧，希望广大读者能够积极参与在线课程的学习。

本书由贾嘉、严明担任主编，吴玲萱、卢帅、阮靖萍担任参编。具体编写分工：贾嘉负责编写项目1~项目7，严明负责编写项目8~项目10和其他教学资源的统筹工作，吴玲萱参与本书所有实践案例的选定工作，卢帅、阮靖萍为本书中的部分实践案例录制了教学视频。本书由武汉船舶职业技术学院邹新宇、谭明霞主审。另外，参与本书资料收集与整理的还有魏凯、张洋、张家媛、曹梦洁、郭正鹏等同学，在此对他们的辛勤付出表示由衷的感谢！

由于时间仓促，编者水平有限，书中难免存在不足之处，敬请广大读者批评与指正。

编　者

课程介绍

# CONTENTS
## 目录

# CONTENTS
# 目录

项目 **1**

# 开启旅程——认知专业术语

PROJECT 1

**项目导读**

Photoshop 是 Adobe 公司旗下最为出名的图像处理软件之一，也是目前应用最广泛的位图软件。Photoshop 的发展历程已有 30 多年，正式版本已经更新到 Photoshop 2024 版本。Photoshop 2022 版本软件更新了很多新的功能，如智能锐化、智能选取图像主体、自动对照片进行增色修饰等便捷功能，并且采用了全新的启动界面，使软件的整个界面看起来更加简洁大方，在图片后期处理方面对初级用户更加友好。

本项目将带领读者了解 Photoshop 软件的历史沿革、Photoshop 软件在各设计领域的应用情景、图像处理中的多个重要专业术语。本项目将用三个实例重点介绍图层混合模式、图层的用法、通道和蒙版的使用，为后续的深入学习做好铺垫。

**学习目标**

1. 知识目标：掌握像素、分辨率、颜色模式、图层的概念，图像的混合模式，通道的作用，蒙版的基本用法和常用的文件存储格式。

2. 技能目标：能够有效管理图层，能够通过调整图层修改图像的效果，能够完成简单的图像抠选、颜色修饰与文字添加，能够独立完成简单的图像处理任务，如设计 PPT 版式、去除主体图像的背景。

3. 素养目标：掌握图像后期处理的基本流程，提升个人审美意识，养成对知识进行归纳与总结的学习习惯。

# 1.1 初识Photoshop

Photoshop 软件是由 Adobe 公司推出的一款融照片编辑、图像合成、数字绘画、动画制作和图形设计于一体的图形图像创意编辑软件。"PS"是 Photoshop 软件的简称，在视觉艺术的各个领域都有它的身影，它也是众多艺术设计从业人员的必备辅助软件。在图像处理领域，Photoshop 软件可以说是家喻户晓。它从最初 1990 年发布的 Photoshop 1.0 版本到最新的 Adobe Photoshop 2024 版本，几乎每年都在升级，可谓与时俱进。了解 Photoshop 软件的新功能，是提高工作效率的有效途径之一。

## ■ Photoshop的历史沿革

Photoshop 1.0 版本是在 1990 年由约翰·诺尔（John Knoll）和托马斯·诺尔（Thomas Knoll）（图 1-1）在其共同开发的 Display 软件的基础上演化而来的，该版本只支持 Mac 系统；直到 1992 年 11 月，Adobe 公司才发布了支持 Windows 系统的 2.5 版本；1994 年，3.0 版本发布，该版本引入了一个重大改进，那就是图层（Layer），它使大量复杂的设计变得简单化，一直延续至今；1998 年，5.0 版本的发布引入了 History（历史）的概念，用户可以在"历史记录"面板进行多次后退，此功能使操作过程的后退，从单一地取消上一步操作，变成了可以任意修改操作历史中的局部效果；1999 年，5.5 版本发布，该版本增加了支持网页制作与

（a） （b）

**图 1-1 Photoshop 软件最早的开发者**
（a）约翰·诺尔（John Knoll）；（b）托马斯·诺尔（Thomas Knoll）

编辑的功能（Web），用户可以直接将设计内容保存到网上，极大地方便了网页设计师的工作；2000—2002 年发布的 6.0 和 7.0 版本又添加了形状（Shape）和图层样式面板，同时使矢量图形的绘制在位图软件中成为可能；2003—2012 年，Adobe 公司出品了一个集图形设计、影像编辑与网络开发于一体的产品套装软件（Adobe Creative Suite），该套装软件的引入改变了 Photoshop 软件的命名模式，2003 年该套装软件正式被命名为 Photoshop Creative Suite（俗称 Photoshop PCS，也被称为 Photoshop 8.0 版）。10 年间，Photoshop 版本更新到了 Photoshop CS6，软件开发者将许多提高效率的插件合并到 CS6 版本中，同时，2012 年推出的 Photoshop CS6 版本还引入了许多智能化命令、内容识别功能、视频编辑功能和 3D 功能，并对用户界面进行了重新设计，对许多设计工具也进行了重新开发。这使 Photoshop CS6 版本成了当时兼容性最高和用户体验最好的一个版本。随着 Photoshop Creative Cloud 版本（Photoshop CC）在 2013 年 6 月发布，一切都发生了变化。从此以后，所有的 Photoshop 版本都以 Creative Cloud 为基础，Photoshop 的授权模式被改为以软件作为服务的订阅模式，而原有的"CS"后缀被替换为"CC"。新增的 Creative Cloud 库功能使用户能在不同的计算机上使用多种应用程序查看以相同 Adobe ID 创建的资源，并支持 Windows 触控设备，这使众多设计团队能够通过设计源文件的云分享，不断提升工作效率。伴随着网络和信息技术的变革，Photoshop 的智能化命令和 AI 计算功能使所有的用户不断期待 Adobe 公司的一次次创新。

Photoshop 至今已经走过 30 余年的发展历程。最初，Photoshop 只是用于处理灰度图像的简单程序，而如今"PS"已不仅是一个应用程序，更是发展为一个动词。对于今日 Photoshop 的普及程度，Knoll 兄弟当初或许并未预料到，但不得不说，Photoshop 的出现改变了人们处理图像的方式，同时改变了图像的创建方式，而这一切都令人们的生活

变得更加便捷与精彩！

## ■ Photoshop的应用领域简介

Photoshop 的应用领域非常广泛。无论对于平面设计、绘画艺术、摄影后期、网页制作、数码合成、动画 CG，还是建筑后期等，它都有着不可替代的作用。下面对 Photoshop 的应用领域进行简要介绍。

**1. Photoshop在平面设计中的应用**

Photoshop 在平面设计中应用最广泛，主要包括平面广告、海报设计、包装设计（图 1-2）、书籍装帧设计等方面。掌握 Photoshop 软件的使用方法，是一位平面设计师设计的基础。

**2. Photoshop在绘画艺术中的应用**

Photoshop 强大的绘画功能为插画设计师提供了更广阔的创作空间，插画设计师可以随心所欲地对作品进行绘制、修改，从而创作出极具想象力的插画作品，如图 1-3 所示。

图 1-2　Photoshop 在海报设计与包装设计中的应用　　　　图 1-3　Photoshop 在绘画艺术中的应用

**3. Photoshop在摄影后期中的应用**

Photoshop 的图像编辑功能特别强大，所以它是后期修图师最常用的图像处理软件，常用于数码照片的修饰和数字图像艺术的创作，如图 1-4 所示。

**4. Photoshop在界面设计中的应用**

Photoshop 常被用来制作网页页面和移动端 App 界面，尤其在绘制各种风格的 UI 图标方面，Photoshop 软件高效丰富的样式设置功能和对矢量图形的较高兼容性，使越来越多的界面设计师将其应用到日常设计任务中，如图 1-5 所示。

　　（a）　　　　　　　　（b）　　　　　　　　（c）
图 1-4　Photoshop 在数码照片修饰和数字图像艺术创作中的应用　　　　图 1-5　Photoshop 在界面设计中的应用
　　（a）修饰后；（b）原图；（c）后期创意效果

**5. Photoshop在数码图像合成中的应用**

Photoshop 强大的图像合成编辑功能为设计师提供了无限的创作空间，使他们可以随心所欲地对图像的颜色和外形进行调整与合成，最终制作出令人印象深刻的视觉作品，如图 1-6 所示。

图 1-6　Photoshop 在数码图像合成中的应用

#### 6. Photoshop在建筑设计中的应用

建筑设计师常常需要使用 Photoshop 对三维软件渲染出的建筑效果图进行编辑与美化处理，通过调整图像色调、环境光线，合成周边场景等手法，更好地展现建筑的色彩、结构、造型、质感等多种元素的艺术美，如图1-7所示。

（a）　　　　　　　　　　　　　　　　　（b）

图 1-7　Photoshop 在建筑设计中的应用
（a）渲染原图；（b）调整优化
（该作品来自站酷网设计师 ID：九三 https://www.zcool.com.cn）

## ■ Photoshop常见专业术语

图像处理是基于计算机对数字化图像的一种编辑处理方法，也就是将图像转化为一些数字代码并采用一定的算法对其进行处理。Photoshop 的工作原理就是基于像素化对位图进行处理，下面将对 Photoshop 中涉及的常用专业术语进行解析，掌握这些专业术语将是打开 Photoshop 神秘之门的关键。

#### 1. 像素

通常所说的像素，就是相机中的图像传感器上光电感应元件的数量，一个感光元件经过感光，光电信号转换后，就会在输出的图像上形成一个个的点，如果将影像放大数倍，会发现这些连续色调其实是由许多色彩相近的小方点所组成的，这些小方点就是构成影像的最小单位。如果了解色彩构成中"空间混合"构成方法，应该能比较好地理解这一概念，如图 1-8 所示。

一般情况下，像素点越细密，图像就

《戴珍珠耳环的少女》扬·维梅尔
1665 年 44.5 厘米 ×39 厘米　荷兰海牙毛利斯博物馆

如同像素点一样的色块

《戴珍珠耳环的少女》色彩构成——空间混合

图 1-8　像素在图像中的效果

越清晰，文件也就越大。如将图 1-8 构成练习中的色彩方格进一步细分，就能得到更细腻的图像效果。在 Photoshop 中，这些色彩方格被称为像素（Pixel），单位长度内的像素越多（分辨率不改变），图像的质量就越高。

### 知识拓展

像素尺寸（Pixel dimension）通常用"长边的像素个数"乘以"短边的像素个数"表示，短边的最小数值就是这个影像的品质。如 1 080×720 的影片就被称为 720 P 画质。

像素总数即相乘的结果，是图片、影像的单独一帧图所含像素的总数量。这就是常说的"××××万像素"。

理论上像素总数越多、图像越清晰，能够打印且清晰显示的尺寸就越大。

### 2. 分辨率

正确理解分辨率和图像之间的关系对于了解 Photoshop 的工作原理非常重要。图像分辨率的单位是 ppi（pixels per inch），即像素／英寸（1 inch=25.4 mm），也称为像素密度，它是描述在水平和垂直的方向上，每英寸距离的图像包含的像素数目。如果图像分辨率是 72 像素／英寸，就是指每英寸长度单位包含了 72 个像素点。英文字号用磅值（point, pt）表示，如 Office Word 里常用的字号 10，对应的是 10 pt，而 1 pt 的物理尺寸定义就是 1/72 英寸（352.8 μm）。图像的分辨率和图像的大小有着密切的关系，分辨率高就意味着图像包含较多的字节，通常数码照片的容量以兆字节（MB）为单位（图 1-9），当通过扫描仪获取图像时最好将分辨率设为 300 像素／英寸，如需要对分辨率较低的数码图像在 Photoshop 中进行更改，软件通过插值运算只能模拟出与原图类似的像素点，像素点之间的过渡色软件会用图像的周边颜色进行计算并自动生成，从表面来看的确使图像的品质得到一定程度的提升，但是并不能真正解决画面发虚、细节模糊的问题（图 1-10）。

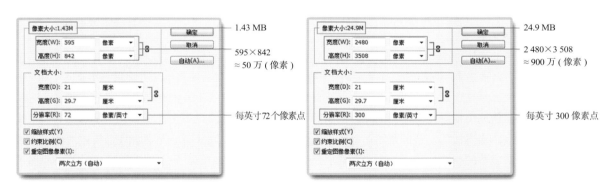

图 1-9　像素和图像文件大小的关系

### 知识拓展

描述分辨率的单位如下。

（1）dpi：表示每英寸（对角线长度）能打印的墨滴数量。最初应用于打印技术。打印设备的分辨率多为 300~3 600 dpi。

（2）ppi：电子显示设备从打印设备中借鉴了 dpi 的概念，产生了 ppi 的概念，即显示器每英寸（对角线长度）像素点的数量，指像素密度。

图像需要采用多高的分辨率和图像被应用哪种媒介上有着直接的关系，如果图像只需要在显示器和网络上浏览，那么 72 像素／英寸就能满足要求；如果图像用于印刷，那么需要将分辨率设置为 300 像素／英寸，太高的图像分辨率设置不会提升图像的品质，反而会给图像的制作和传输带来困扰。

图 1 像素：900×512=460 800（个），文件大小为 1.33 MB
图 2 像素：300×173=51 900（个），文件大小为 152.1 KB
图 3 将图 2 的像素尺寸修改为 900 个 ×512 个，文件大小为
1.33 MB，但是，清晰度只有略微提升

图 1-10 修改图像像素尺寸的效果

另外，打印图像时还需要设置输出分辨率的单位，这是针对输出设备而言的。例如，HP 喷墨打印机最高标称分辨率是 4 800 dpi×1 200 dpi，这意味着在纸张的 $X$ 方向（横向）上，每一英寸长度理论上可以放置 4 800 个墨点。但是，如果真的在普通介质的一英寸上放置 4 800 个墨点，会产生什么结果呢？结果是纸张对墨水的吸收过饱和，墨水连成一片，反而使分辨率下降。因此，"理论"点数是指打印机能够达到的能力极限，但是实现起来需要依靠纸张的配合，如果采用专用纸张，便可达到更好的性能，在每个英寸上放置更多的独立墨点，如果所使用纸张不能支持选定的最高分辨率，就会出现相邻的墨点交融而连成一片的情况，从而影响打印效果。一般打印图像时激光打印机输出的分辨率为 300~600 dpi。

### 3. 位图与矢量图

首先，用一个简单的实例对它们的特征做一个描述：如果需要记录一首乐曲，往往可以通过两种方式：一种是将乐曲用某种乐器演奏出来并录制在硬件设施上；另一种是将乐曲用一些符号描述出来并记录在纸上。

这两种方式的最大区别在于记录的形式不同。前者是记述性的，其中的所有信息都是固定的，如演奏速度、乐器音色等，如果把钢琴换成小提琴，就需要重新录制一遍。这种方式的优点是更为直观和便于理解，但如果要保证乐曲的音质和音色，除了演奏技巧，还需要很多的外部条件，整个流程较为复杂。而后者只是描述性的，不包含音频信息，只包含对乐曲旋律的概括性描述，最大的优点是记录和修改都很方便，只要照着乐谱，乐曲就能够被不同的乐器演奏，乐谱虽不直观，但可以呈现出许多开放性的结果。这就如同位图与矢量图，位图就属于记述性的，以色点作为记录对象的手段，颜色丰富，图像所见即所得、形象而逼真，如要完美展现其特点，会局限于一些硬件设施；而矢量图就属于描述性的，以线段和计算公式作为记录对象的手段，图形轮廓特征和位置不受图形尺寸大小的限制，但其画质较为平淡，也不能直接通过拍照设备获取。

（1）位图。位图图像能够在不同的媒体终端和软件中进行自由交互，由于在色彩细腻和逼真程度上的突出优点，位图被广泛地应用于各个视觉传达设计领域。但是，位图的质量与分辨率有直接关系，对位图进行高倍的放大后，或者采用较低的输出分辨率打印时，都会出现模糊和锯齿的现象（图 1-11）。另外，超高精度的位图将占用大量的存储空间，如在位图软件中对高分辨率的图像进行编辑时会对硬件设施有一些要求。

（2）矢量图。矢量图在数学上定义为一系列由点连接的线。矢量文件中的图形元素被称为对象。每个对象都是一个自成一体的实体，它具有颜色、形状、轮廓、大小和屏幕位置等属性。矢量对象可以是一个点或一条线，矢量图只能依靠软件生成，目前比较主流的矢量图设计软件有 Adobe Illustrator 和 CorelDraw。它的特点是放大后图像不会失真（图 1-12），一直以来，在插画设计、文字设计、标志设计和版式设计领域中矢量图的应用都有着不可替代的位置。

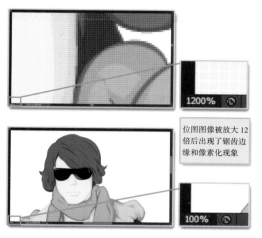

位图图像被放大 12 倍后出现了锯齿边缘和像素化现象

矢量图图像被放大 12 倍后依然有清晰的轮廓和细节

微课：像素、分辨率、位图与矢量图

图 1-11　位图放大 12 倍后的效果　　　　图 1-12　矢量图放大 12 倍后的效果

#### 4. 颜色模式

颜色模式决定了图像显示和打印的颜色模型（简单来说，颜色模型就是用于表现颜色的一种数学算法）。Photoshop 的颜色模式采用创建好的色彩模型基础为主要描述方式，Photoshop 中常见的色彩模型有 RGB 颜色模式、CMYK 颜色模式和 Lab 颜色模式三种。

（1）RGB 颜色模式。RGB 颜色模式是 Photoshop 中最常见的一种颜色模式。它是基于红光、绿光、蓝光能按照不同比例和强度混合出绝大多数光谱中的颜色为原理的一种加色模式，如将 R、G、B 三色光添加在一起（即所有光线都反射回眼睛）可产生白色，如图 1-13 所示。

将红（R）、绿（G）、蓝（B）三种基础色按照 256 个亮度等级分别存储在三个不同的单色通道中（通道基础知识参见"8. 通道和蒙版"内容），并在每个通道中进行分配与定位，最后用数字表示为从 0、1、2…直到 255（注意，虽然数字最高是 255，但 0 也是数值之一，因此共 256 级）。每一个 R、G、B 数值都能代表一种颜色（图 1-14）。当三个数值相同时被定义为灰色，数值全部为 0 时被定义为黑色，数值全部为 255 时被定义为白色，三种色光混合生成的颜色一般比原来的颜色亮度值高。

RGB 颜色模式为加色模式

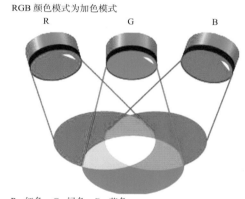

R= 红色，G= 绿色，B= 蓝色

图 1-13　光学环境中模拟 RGB 颜色混合的效果图

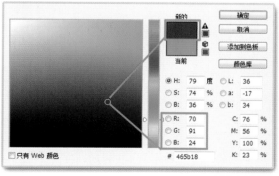

橄榄绿色被描述为：R70/G91/B24

红色被描述为：R255/G0/B0

图 1-14　用具体的 RGB 数值代表某种颜色

按照计算，256 级的 RGB 色彩总共能组合出约 1 678 万种色彩，即 256×256×256 = 16 777 216，通常也被简称为 1 600 万色或千万色，也称为 24 位色（2 的 24 次方）。24 位色还有一种称呼是"8 位通道色"，为什么这样称呼呢？这里所谓的通道，实际上就是指三种色光各自的亮度范围，其范围是 256，256 是 2 的 8 次方，就称为 8 位通道色。那么，为什么总用 2 的次方来表示呢？因为计算机是二进制的，因此在表达色彩数量及其他一些数量时，都使用 2 的次方。

（2）CMYK 颜色模式。CMYK 颜色模式是基于纸张上打印的油墨对色光吸收的结果而形成的一种色彩模式。当白色光线照射到半透明的油墨上时，油墨载体将吸收一部分光谱，没有吸收的颜色就会反射回人们的眼睛（图 1-15）。

混合纯青色（C）、洋红色（M）和黄色（Y）色素可以产生黑色，或通过相减产生所有颜色。因此，这种调色模式被称为减色模式。在 CMYK 颜色模式下，每种 CMYK 四色油墨可使用 0 ~ 100% 的值。为最亮颜色指定的印刷色油墨颜色百分比较低，而为较暗颜色指定的印刷色油墨颜色百分比较高。如图 1-16 所示，大红色包含了 2% 青色、93% 洋红色、90% 黄色和 0% 黑色。在 CMYK 对象中，低油墨百分比更接近白色，高油墨百分比更接近黑色。由于目前制造工艺还不能混合出高纯度的黑色油墨，CMY 相加的结果实际是一种暗红色。因此，还需要加入一种专门的黑色油墨（K）来调和，以实现更好的阴影密度。将这些油墨混合重现颜色的过程被称为四色印刷。

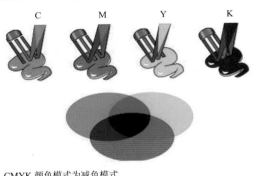

CMYK 颜色模式为减色模式
C=青色　M=洋红色　Y=黄色　K=黑色

图 1-15　印刷环境中模拟 CMYK 颜色模式颜色混合的效果图

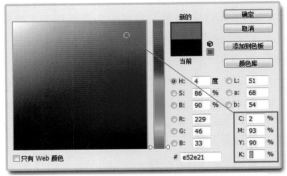

大红色被定义为：C=2%　M=93%　Y=90%　K=0

图 1-16　用具体的 CMYK 数值代表某种颜色

（3）Lab 颜色模式。Lab 颜色模式是根据国际照明委员会（CIE）在 1931 年所制定的一种测定颜色的国际标准所建立的。Lab 颜色模式和设备无关，无论使用何种设备创建或输出图像，这种模式都能保持一致的颜色。Lab 颜色模式弥补了 RGB 和 CMYK 两种颜色模式的不足，它的颜色模式具有最宽的颜色色域，包括 RGB 和 CMYK 颜色色域中的所有颜色。

Lab 颜色模式由三个要素组成：L 是亮度通道，a 和 b 是另外两个颜色通道。a 包括的颜色是从深绿色（低亮度值）到灰色（中亮度值）再到亮粉红色（高亮度值）；b 包括的颜色是从亮蓝色（低亮度值）到灰色（中亮度值）再到黄色（高亮度值）。图像的颜色和亮度应被区分开，单独提高像素的亮度将会减少像素颜色纯度的变化，这有助于在维持原有色彩效果的前提下使图像变得更清晰，因此在 Lab 颜色模式下能够较好地对图像进行锐化，如图 1-17 所示。

图 1-17　在 Lab 颜色模式下对图像进行锐化后的效果

**5. 图层**

在 Photoshop 中，图层就是许多像素的一个可见性载体，所有的可见性元素都存在于图层上，它就如同一个层层相叠，但又彼此独立的透明玻璃片（图 1-18）。在编辑图像的过程中，Photoshop 中的大量工具和命令都是在图层上进行计算与展示的，对所激活的像素图层进行复制、移动、特效添加、擦除、隐藏等操作，所产生的结果并不会对另一个像素图层上的物件带来直接的影响，而只是与它上、下像素图层在视觉上形成混合图像的效果。

 **知识拓展**

在学习Photoshop的初期，应该养成在多个图层上进行绘制及编辑图像的良好习惯，关于图层的保护有如下几个事项。

（1）在调整原始图像时，可以通过"Ctrl+J"组合键创建一个复制图像。

（2）对图像增加效果（色彩调节、图像混合等）或者添加文字时，应该创建相应的效果调整图层、文字图层、蒙版图层等方便修改的图层文件。

（3）如果需要合并所有图层进行全局修改，可以使用向上合并的"Ctrl+Shift+Alt+E"组合键，尽量不要对制作中的图像使用"合并图像"的命令，为了方便文件后期修改，应保留所有的当前制作图层。

### 6. 选区

在 Photoshop 中，图像能够被一些工具选择出一个可以编辑的区域，这些被选中的区域也称为"蚂蚁线"，它会呈现出不断闪烁的状态，范围里的区域就是选区，范围外的区域就是非选区。选区的作用是为被编辑区域的图像确定一个能够被填色、旋转、缩放或进行其他操作的允许范围，获得选区的方法有很多。选区的边缘可以通过"羽化"数值进行柔化，在图像合成时常会使用到"羽化"选项（图 1-19），选区被绘制完成后，当再次绘制新选区时会被后者所取代。因此，在实际应用中，常常使用"存储选区"命令将多次使用的选区保存在通道面板中。

图 1-18　图层效果的分析

图 1-19　通过调整"羽化"数值对图像边缘进行柔化

### 7. 存储格式

Photoshop 2020 支持 30 多种格式的文件，在 Photoshop 中，处理完成的图像大多数情况下不会直接进行打印输出，而是将编辑好的文件置于专业的排版编辑图形软件中进行二次编辑，全部调整完成后，才会最终存储为相应的文件格式，进行输出。

如图 1-20 所示，将同一个图像文件分别保存为 7 种格式，综合对比各自的文件特性。

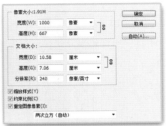

微课：图层、文档存储格式

| 文件格式 | 文件特性描述 | 文件大小 |
|---|---|---|
| BMP | 图像信息较丰富，几乎不进行压缩 | 1 955 KB |
| EPS | 通用的行业标准格式，既包含像素信息，也包含矢量图信息 | 3 383 KB |
| JPEG | 媒体浏览、小尺寸打印的首选，有损压缩文件 | 867 KB |
| PDF | 跨平台的文件输出格式 | 2 451 KB |
| PNG | 高清质量的透明背景文件，是制作图像素材的首选格式 | 1 259 KB |
| PSD | 可以无损存储 Photoshop 中创建的所有信息，信息量越多，文件越大 | 1 992 KB |
| TIFF | 是跨越 Mac 与 PC 平台最广泛的图像打印文件格式，无损压缩文件 | 1 999 KB |

图 1-20　图像文件的常见保存格式

**8. 通道和蒙版**

在 Photoshop 中为图像添加通道和蒙版是非常重要的图像编辑手段，下面将对这两个重要概念做简要说明，为初学者深入学习复杂图像合成技巧做一个良好的铺垫。

（1）通道。首先通道是承载像素颜色信息的一个载体，同时也是记录和保存信息的一个重要平台。通道一般以颜色通道、Alpha 通道和专色通道三种形式存在。

①颜色通道。颜色通道又被称为原色通道，该通道主要存储图像的颜色信息，颜色模式决定了所创建颜色通道的数目（图 1-21）。每个颜色通道都是一个具备 256 级色阶的灰度图像，以 RGB 颜色模式和 CMYK 颜色模式为例：RGB 颜色模式是加色模式，因此，白色色阶表示该区域包含大量的原色信息，亮度较高的颜色在所有原色通道中都将以较亮的灰度色阶显示；反之，原色通道中较暗的颜色则代表该区域没有相应的原色信息（图 1-22）。CMYK 颜色模式是减色模式，刚好和 RGB 颜色模式相反，白色色阶表示该区域不包含原色信息，黑色色阶则代表该区域拥有大量的原色信息（图 1-23）。

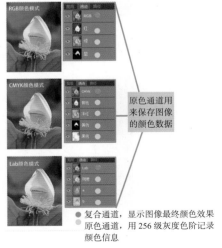

图 1-21　颜色模式决定了图像颜色通道的数目　　　图 1-22　RGB 模式中颜色信息和颜色通道中显示的关联效果

不同的颜色在各自的通道中可以独立编辑，调整的结果通过复合通道呈现最终效果，如需调整图像颜色，可以通过"颜色调整图层"命令和其他图像调整命令，不建议初学者直接在颜色通道中进行修改。

②Alpha 通道。Alpha 通道是以一种图像的形式被额外创建出来的通道，主要用于存储和建立选择范围。在Alpha 通道中灰度色阶的图像被赋予了新的生命，当 Alpha 通道被创建后（用黑色、白色或灰色来描绘需要选择的对象），使用"快速选区"命令（按住 Ctrl+ 鼠标左键单击通道上的图像）去激活选区，黑色代表不对该区域进行选择，也可以理解为黑色区域会在图层蒙版中形成完全透明的区域，白色代表使用该区域的形状做出选择轮廓，也可以理解为该区域是选择主体，在蒙版中不会被遮挡（图 1-24），灰色区域则表示做出了具有半透明属性的选择状态。如果在多通道模式下一幅灰度图像单独存在于通道中，就会被当作一个记录选区的 Alpha 通道，可以说，Alpha 通道对选择图像的方式做出了极大的辅助。

图 1-23　CMYK 模式中颜色信息和颜色通道中显示的关联效果

图 1-24　通道中黑色、白色和灰色的作用

③专色通道。为了完成某些较高要求的印刷颜色任务，或者在印刷刊物中再现金色、银色、荧光色等特殊颜色，由于普通油墨混色会出现偏暗的现象达不到预想的要求，往往会在 CMYK 颜色通道以外单独添加一些特殊的颜色，这些颜色就被以"专色"的形式记录在通道里，每一个专色图像都对应一块印板，在 Photoshop 中就把这些用于制作专色色板的通道称为专色通道（图 1-25）。

（2）蒙版。蒙版是图层中覆盖在图像上，用来合成图像的一种特殊工具，它用 0~255 共 256 个灰度色阶将图像分离成多个区域，像一个开关能够自由控制图像的显示和隐藏。大多数情况下，蒙版以黑、白两色的形式出现。蒙版中的黑色区域被视为遮挡板，该区域中的图像将受到保护，不会被编辑也不会被显示，而白色区域被视为编辑区域，是期望被显示出的区域（图 1-26）。蒙版分为快速蒙版、图层蒙版、形状蒙版和剪切蒙版四种类型，最常用的是图层蒙版。

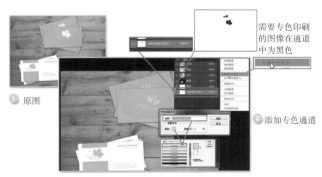

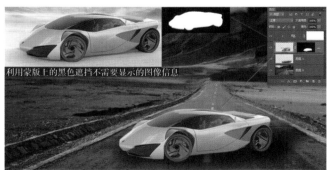

图 1-25　印刷文件中的专色通道信息可以记录一些特殊颜色

图 1-26　蒙版中黑色和白色的作用

**知识拓展**

蒙版是用来屏蔽(隐藏)图层内容所创建的一种控制工具，当需要删除图层中某个区域的图像时，就可以在该图层的蒙版中绘制黑色进行遮挡。蒙版不会破坏原始图像，使用蒙版能为图像合成提供更多的修改空间。

**9. 路径**

路径是描述矢量图形的一种方式，是对像素选择工具的一种有力补充。其自由的操控和编辑方式非常适合抠选复杂图像的轮廓，而且能够自由地将其转换为选区。矢量线条的清晰度和图像的分辨率没有关系，对图形的描述不受像素点位置的约束，可以形成半像素的位置关系。因此，其能够非常精准地表现出依靠像素选择工具无法完成的光滑轮廓边缘（图 1-27）。

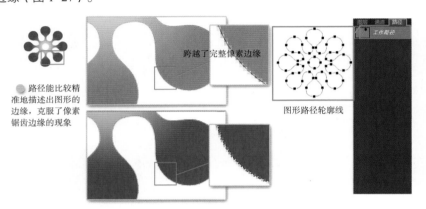

微课：通道、蒙版和路径

图 1-27　像素选择和路径选择的对比

在 Photoshop 中，钢笔工具是绘制路径的主要工具，通过绘制曲线和调整曲线上的点及操控手柄能精确地获得图形轮廓。熟练掌握钢笔工具将有助于初学者提升图像的抠选能力。

# 1.2　课中测：专业术语小测验

熟练掌握像素、分辨率、图像格式、颜色模式等基础知识是理论指导图像处理实践操作的基础，也是提升职业技能的重要途径。

"1+X"数字影像处理职业技能等级认证考试模拟题

# 1.3 技能实操

## ■ 巧用图层混合模式完成产品Logo的合成

在图像后期处理中为收集到的素材添加一个特定的标志和文字常被用在产品广告宣传和虚拟效果图展示上，合成这样的效果有很多种方法，一般是根据标志底图的背景选择不同的混合模式来屏蔽底层颜色，复杂的图像会使用蒙版进行遮挡。这里使用了"正片叠底"的图像混合模式解析一个为咖啡杯添加 Logo 的实例。

步骤 1　打开命名为"咖啡杯"的素材文件，并将"咖啡店 Logo"文件放置进去，使用"移动"工具和"编辑"→"自由变换"（"Ctrl+T"组合键）命令调整 Logo 图像的位置和大小，将"咖啡店 Logo"图层的混合模式设置为"正片叠底"，屏蔽 Logo 图层中的白色背景，如图 1-28 所示。

步骤 2　执行"编辑"→"自由变换"→"变形"命令，参考咖啡杯的结构调整 Logo 的透视效果，尽可能虚拟出实景拍摄时会出现的透视效果，如图 1-29 所示。

参考咖啡杯的
结构调整 Logo
的透视效果

图 1-28　图像混合模式实例效果展示　　　　图 1-29　使用"变形"命令调整 Logo 的透视效果

步骤 3　为"咖啡店 Logo"图层添加一个"黑白"效果调整层，按住 Alt 键，同时单击上下图层的交界处创建一个剪切蒙版效果，将 Logo 转换为黑白效果，如图 1-30 所示。

步骤 4　在"咖啡店 Logo"图层上方新建一个文字图层输入"DO BUY COFFEE"，使用分享的文件素材中的"ROSART"字体，将字号大小设置为9，颜色为 R27/G8/B4，也将其设置为"正片叠底"模式，调整字间距为"-80"，并将文字变形成弧形效果，将文字图层再次复制一次增加颜色的层次，最终完成图像合成效果，如图 1-31 所示。

微课：咖啡杯
Logo 合成

1. 使用分享的文件素材中的"ROSART"
字体，将字号大小设置为9，调整字间距
为"-80"，将其设置为"正片叠底"模式；
2. 将文字变形成弧形效果，使用"扇形"
样式，弯曲 =-11%；
3. 加深颜色，将文字图层复制

向下弯曲文字

图 1-30　将 Logo 转换为黑白效果　　　　　图 1-31　将文字变形成弧形效果

## ■ 认识图层的类型，完成杂志封面的设计

在进行图像后期处理任务时，了解图层的上下位置、遮挡关系、图层混合模式等设置的相关知识，是弄懂图层作用的关键一环。下面讲解的这个实例将帮助读者认识背景图层、调整图层、文字图层、形状图层、图层混合模式等相关知识。

**步骤 1** 新建图像文件，设置图纸大小参数为：高 28.5 厘米、宽 21 厘米、分辨率 300 像素 / 英寸、RGB 颜色模式；打开命名为"风景"的素材文件，使用"移动"工具将素材文件拖曳到新建文档中，使用"自由变换"命令将"风景"素材文件的高度进行放大调整，具体操作如图 1-32 所示。

1.新建一个高 28.5 厘米、宽 21 厘米、分辨率 300 像素 / 英寸的文档；
2. 使用"移动"工具将"风景"素材文件拖曳到新建的文档中；
3. 使用"编辑"→"自由变换"命令 ( 快捷键 Ctrl+T)，按住 Shift 键拖曳图片的对角线，调整风景素材图片的高度与新建文档保持一致

图 1-32 创建文档并调整导入素材的大小位置

 **知识拓展**

**Photoshop 2020**版对图像"自由变换"命令的操作进行了优化，按住Alt键拖曳鼠标就可以对图像进行等比缩放，而按住Shift键拖曳鼠标可以对图像沿着某一个方向自由变换，同时为了照顾用户的使用习惯，在菜单栏的"编辑"→"首选项"→"常规设置"中可以勾选"使用旧版自由变换"。

**步骤 2** 拖曳"风景"素材图层的缩略图窗口，将其放置到图层面板的最底层，并修改图层名为"背景层"，将原有的白色背景层删除（单击该层，使用 Delete 键）并为"风景"素材图层添加一个"可选颜色"调整层，具体操作如图 1-33 所示。

1. 单击背景图层中的"锁定"图标，解除对背景图层的保护；
2. 鼠标拖曳"风景"素材图层到白色背景层的下方，并双击图层的名称，对当前图层进行重命名；
3. 删除面板上的"图层 0"，选择"创建调整层"命令，为背景层创建一个"可选颜色"调整图层

图 1-33 对图层进行位置、重命名、新建效果调整等操作

步骤 3　使用"可选颜色"调整层对"风景"素材图像进行修饰，为图像营造一些冷暖对比，具体设置参数如图 1-34 所示。

图 1-34　调整图像的蓝色和洋红色

步骤 4　使用文字工具为图像创建主标题、小标题等各种文字图层，将同类型的图层使用"群组"命令（"Ctrl + G"组合键）分别建立图层文件夹进行管理（对文件夹进行重命名），图层面板具体布局如图 1-35 所示。

步骤 5　为杂志封面载入"条形码"素材，将其放置在文字图层的上方，调整大小及位置，最后为图像创建一个矩形形状的图层，并为该图层创建一个遮挡蒙版，具体设置如图 1-36 所示。

微课：杂志封面设计

按照不同的文案要求，分别创建 4 个不同类型的文字图层组，调整各文字图层组的位置

图 1-35　对文字图层进行分类管理

1. 将"条形码"素材拖曳到文件中，调整图像大小及位置；

2. 将矩形形状的图层"填充"属性关闭，设置描边颜色为白色，描边宽度为 2 个像素，选择线条的方式绘制一个白色矩形边框；

3. 为白色矩形边框添加一个蒙版。将需要隐藏的区域框选，单击蒙版缩略图，为该区域填充黑色

微课：利用通道和蒙版抠选小猫图像

图 1-36　最终效果

项目 **2**

PROJECT 2

# 小试牛刀——完成个人证件照的制作

**项目导读**

　　在日常生活中，证件照是给人留下第一印象的一个重要途径，也是展示个人形象气质的一个重要载体。通过对本项目的学习，读者也能像照相馆的专业摄影师那样，拍摄出一张十分完美的证件照。

**学习目标**

　　1. 知识目标：深入了解像素、分辨率、图层的概念，图像的混合模式，通道的作用，蒙版的基本用法和常用的文件存储格式。

　　2. 技能目标：能够有效管理图层，能够通过调整图层修改图像的效果，能够使用钢笔工具创建复杂选区，能够独立完成简单的图像处理任务，如图像颜色的调整、瑕疵的修复、人物照片的美化。

　　3. 素养目标：了解视觉传达设计岗位的相关职业规范，提升个人团队合作能力，养成主动学习、思考的良好习惯。

# 2.1　了解Photoshop的基本操作

启动软件 Photoshop 会进入图 2-1 所示的工作环境界面。在这个界面窗口中分别对应的是主菜单、工具选项栏、文档选项卡、工具箱、图像显示窗口、浮动面板、文档信息窗口、界面布局设置选项栏 8 个区域，详细了解这些面板的基本信息，有助于用户高效地操作软件，最终能够达到事半功倍的效果。

图 2-1　Photoshop 启动后的工作环境界面

### ■ Photoshop 工作环境设置

略微设置一些面板上的设定，能够帮助用户更高效地工作。例如：选择"菜单栏"→"编辑"→"首选项"命令，在"工具"面板中勾选"用滚轮缩放"和"将单击点缩放至中心"复选框就能大大提升用户观察图像时的效率，如图 2-2 所示。

在"界面"面板（图 2-3）中，可以根据个人喜好对界面的整体颜色风格进行修改，较深的颜色背景有利于对色彩的观察，长时间工作时如果亮度较低，不会产生视觉疲劳。

图 2-2　通过"首选项"进行相关设置

图 2-3　"首选项"的"界面"面板

自动存储功能十分贴心，频率较高的自动存储有助于应对操作过程中的各类突发情况，建议在"文件处理"面板中修改"自动存储恢复信息的间隔"选项为"5 分钟"，其他预设不做改动（图 2-4）。

在"性能"面板中修改软件的内存占用量为"70%"；将暂存盘设置为非 C 盘（一般指系统盘），避免因为数据较多读取时造成卡顿、死机等情况；修改"历史记录状态"为"40"，用于提升可退回的上限，此项设置不宜太大；如果有独立显卡请开启"OpenGL"的加速功能，它有助于 Photoshop 某些图形渲染功能的使用（图 2-5）。

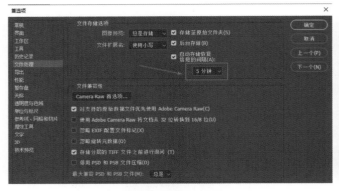

图 2-4 "首选项"的"文件处理"面板    图 2-5 "首选项"的"性能"面板

## ■ 多个图像素材的置入

如果需要将多个图像素材置入同一个新建空白文件中进行编辑，可以执行"文件"→"打开"命令，将打开的多个文件素材用"移动"工具拖曳进所建立的文件中（图 2-6）。

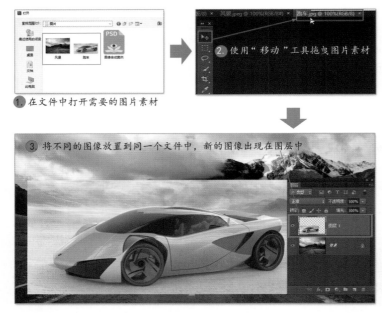

图 2-6 多图像素材的置入

## ■ 了解各主要面板的基本功能

### 1. 工具箱面板

工具箱面板可以归纳为选择工具群组、绘制与修饰工具群组、文字与矢量图形工具群组、显示与快速蒙版工具群组（图 2-7）。可以将鼠标停留在每个图标上 3 秒左右，系统会出现该工具相应的说明。

**2. 图层面板**

在软件中打开或创建一个图像文件，系统都会默认在图层面板中建立一个名称为"背景"的图层，为了保护该图层，系统默认对其设置了锁定，此时不能对它进行移动操作。如果需要解除锁定，可以双击"锁定"图标，直接在弹出的面板中单击"确定"按钮，或者拖曳"背景"图层到面板底部的"新建图层"按钮上，复制一个命名为"背景副本"的图层。在设计任务中比较推荐使用复制背景图层的操作，关闭原始图像前方的"眼"图标，这样可以很好地保护源图像不被编辑。在图层面板的底部还有许多方便图层编辑的按钮（图 2-8），熟练掌握这些命令将会大大提高图像处理的效率。

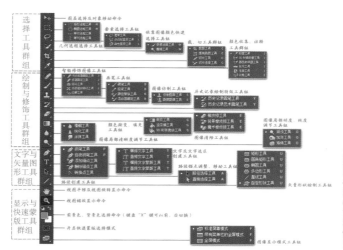

图 2-7　工具箱面板

1. "图层链接"按钮
2. "图层样式"按钮
3. "图层蒙版"按钮
4. 调整图层"按钮
5. "图层组"按钮
6. "创建新图层"按钮
7. "删除图层"按钮
8. "图层可见性"按钮
9. "图层被锁定"标志
10. "图层透明度及显示"模式

双击　图标或者拖曳图层到"新建图层"按钮上可认解除锁定状态

图 2-8　图层面板

（1）"图层链接"按钮的作用：图层在互相独立的情况下可以通过按住 Shift 键和 Ctrl 键进行临时的多层编组，并同时对选中的图层执行"移动""缩放"等命令。如果下次继续对多个图层进行编辑操作，临时的编组已经解散，需要对这些同时编辑的图层添加"链接"按钮，就可以把临时的选择状态固定下来，大大提高了操作的效率。

（2）"图层样式"按钮的作用：图层样式能够使位图图像、矢量图形、文字产生各种光影、描边、颜色和纹理填充、斜面浮雕等特殊效果，是图像处理的一个重要手段。可以在"图层样式"对话框中单击"新建样式"按钮，对已经制作完成的样式效果进行保存（图 2-9）。也可以单击鼠标右键选择"拷贝图层样式"选项，对需要借用样式效果的其他图层执行"粘贴图层样式"命令。

图 2-9　"图层样式"面板

（3）"图层蒙版"按钮的作用："图层蒙版"是图像合成的一个重要手段，在图层栏的后方添加一个蒙版层能够十分方便地合成该层与下层的图像，蒙版层上只能记录黑色、白色、灰色等 256 种明度色阶颜色，蒙版实际上是混合上、下层图像的开关，如黑色（R0/G0/B0）所在的位置表示该区域的图像会被遮挡，白色（R255/G255/B255）所在的位置表示该区域的图像不会被遮挡，其他灰度颜色所在的位置表示当前图层会按颜色的明暗强度使当前图层处于一定的透明状态。蒙版的最大优点是被编辑图像不会被真正修改，保证了所有像素的完整性，可以根据设计任务的需要继续添加黑色、白色等颜色对其合成效果进行反复调整，如图 2-10 所示。

（4）"调整图层"按钮的作用："调整图层"按钮中的多个选项和菜单栏中的"图像"下拉菜单"调整"中的多项命令完全一样。两者的区别主要表现为：菜单命令下的"调整"命令是直接对目标图像进行处理，处理的结果是刚性的，直接修改了图像中的所有像素信息，并且不会记录修改图像的具体参数信息，这对图像处理的反复调整带来了一定的不便；而"调整图层"按钮并不向图像文件添加任何像素，相反，它存储了调整时的各项指令，利用直观的参数改变了调整层下方的图层像素颜色和色调信息。这样做既能保留图像的原始属性，又能记录调整时的细微变化参数，大大提高了图像处理的机动性（图 2-11）。

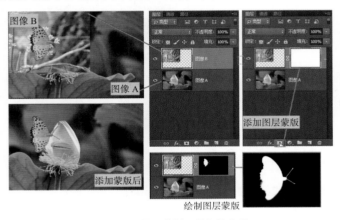

图 2-10 "图层蒙版"按钮的作用

图 2-11 "调整图层"按钮的作用

（5）"图层组"按钮的作用：创建图层组是一种非常有必要的管理图层的手段，除对图层命名外，还可以把图层按照不同的类型、效果和作用进行分类管理，把需要归类的图层文件分别拖曳进创建的群组式的文件夹中，也可以利用 Shift 键和 Ctrl 键把需要的图层选中，然后拖曳单击"图层组"按钮，再释放鼠标左键。可以为图层文件夹再次命名，也可以为它标注不同的醒目颜色进行区别（图 2-12）。在当前图层组下可以对所有的图层文件再次添加图层样式效果、调整效果及蒙版效果，这样就避免了在处理复杂任务时可能会面临的混乱局面。

图 2-12 "图层组"按钮的作用

### 3. 混合模式面板

"混合模式"是将两个图层的色彩值紧密结合在一起，从而创造出大量的合成效果。在 Photoshop 中图像的"混合模式"可以从图层面板中、绘图工具选项栏中、图层样式设置中等多个面板和工具中找到，这些图像混合模式能够帮助激活图层与下方图层产生加深、变亮、叠加、反相等多种图像混合效果。掌握常用的图像混合模式有助于提高图像合成的操作水平。在图层面板中图层混合模式默认为"正常"，鼠标下拉该菜单会进入图层混合模式设置选项面板（图 2-13），该面板有 27 种混合模式。

微课：Photoshop 工作环境设置与操作

**4. 图像调整的各类功能面板**

为了方便用户在进行图像调整时比较高效地使用各类调整命令，在主窗口的最右边，还有一个集成了多类涉及图像颜色、属性调整的命令面板（图 2-14），该面板是图层调整命令的一个功能扩展。

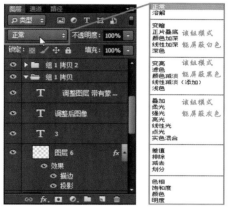

图 2-13　混合模式面板

图像调整的各类功能面板

图 2-14　图像调整的各类功能面板

# 2.2　课中测：软件设置基础知识

课中测

正确理解图层位置、蒙版设置、混合模式等图像显示的方式是学习 Photoshop 软件的一个关键点，也是一个难点。

"1+X" 数字影像处理职业技能等级认证考试模拟题

# 2.3  技能实操

## ■ 利用照片素材完成一张证件照的制作

本实例将围绕文件尺寸的创建，像素的设定，标尺工具、画笔工具、修饰工具的使用，图层、蒙版的应用，图像混合模式等多个知识点进行详细的讲解。

在学习和工作中经常会使用到个人证件照，照相馆里一版 8 张 1 寸的证件照一般需要 10 元，效果还不一定令人非常满意，学习了 Photoshop 后就可以制作一张令自己满意的个人证件照。注意证件照的尺寸：1 寸 =2.5 厘米 ×3.5 厘米，2 寸 =3.5 厘米 ×5.3 厘米。制作一张个人的证件照的具体步骤如下。

**步骤 1**  使用相机或高分辨率的手机拍摄一张在白色背景前的单人照片，最好在靠近窗户或光源较强的地方拍摄，保证图像足够清晰。首先使用"裁剪"工具状态栏中的 "拉直"工具，选择人物的眼角为参照点矫正图像的水平关系，连接 2 个参照点后，确认图像的水平关系，效果如图 2-15 所示。

**步骤 2**  使用"裁剪"工具设置尺寸为 2.5 厘米 ×3.5 厘米，分辨率为 300 像素 / 厘米，裁剪出需要的尺寸，如图 2-16 所示。

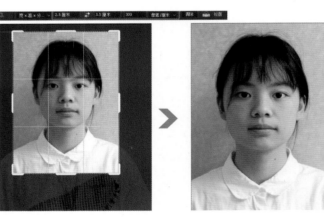

图 2-15  使用工具箱中的 "拉直"工具矫正图像的水平关系      图 2-16  使用"裁剪"工具获得证件照标准尺寸

**步骤 3**  使用"调色"命令对照片的亮度和颜色进行校正与优化：首先使用"可选颜色"调整层对照片的红色和黄色进行调整，对红色信息调整参数：-11% 青色，+29% 洋红，+13% 黄色，-16% 黑色；对黄色信息调整参数：-18% 青色，-56% 黑色；最终减弱照片中的黄色信息，适当增加人物肤色的亮度，效果如图 2-17 所示。

**步骤 4**  使用"自然饱和度"与"可选颜色"命令对照片的鲜艳度和人物嘴唇的颜色进行优化。在调整层"自然饱和度"面板中，将"自然饱和度"增加 75%，"饱和度"增加 10%；在调整层 "可选颜色"面板中，对"红色"信息进行调整，具体参数：-100% 青色，+21% 洋红，并对调整的效果设置黑色蒙版，只需要将人物嘴唇的部分用白色涂抹，使嘴唇区域的红色被适当增强即可，效果如图 2-18 所示。

**步骤 5**  在图层面板中选择照片图像层，在菜单"选择"命令中使用"主体"选项（Photoshop 2020 版新增了一个智能识别图像主体的功能），该选项会较快地获得人物的外部轮廓，如果使用较低版本，可以使用"快速选择"命令获取人物的轮廓，具体效果如图 2-19 所示。

图 2-17 使用"可选颜色"命令优化人物肤色

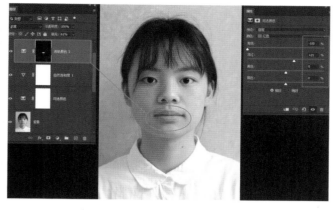
图 2-18 优化照片鲜艳度及嘴唇颜色

**步骤 6** 在选择状态被激活的情况下，在状态栏中使用"选择并遮住"命令（较低版本的用户可以选择"调整边缘"命令），在设置面板中调整优化选区边缘的具体参数如图 2-20 所示，在得到的最终效果图像的图层下方，新建一个蓝色背景，如果图像存在部分选择细节上的缺陷，可以在人物图层的蒙版图像中使用黑色或白色画笔进行涂抹与修饰。

图 2-19 快速获得人物的轮廓选区

图 2-20 调整人物的轮廓选区去除背景并添加蓝色底色

微课：证件照制作
（女生版）（1）

微课：证件照制作
（女生版）（2）

微课：证件照制作
（女生版）（3）

微课：证件照制作
（男生版）（1）

微课：证件照制作
（男生版）（2）

微课：GIF 动画
制作

项目**3** PROJECT 3

# 点亮技能——完成设计初体验

## 项目导读

　　Photoshop 工具箱内包含图像处理所需要的绝大多数命令，熟练掌握这些工具是开启图像处理大门至关重要的一步。本项目主要围绕工具箱中功能区域的划分，将重点讲解选区基本工具、移动对齐物件、图像瑕疵的修复、矢量形状的绘制等重要知识点。本项目主要以实例应用为载体，希望读者能够在实际操作中更好地理解这些工具的使用方法。

## 学习目标

　　1. 知识目标：了解加减和交叉选区、样图仿制、自定义画笔、对齐物件、快速蒙版的基本用法和相关知识点。

　　2. 技能目标：能够高效地创建选区，能够通过路径精确绘制选区，能够使用画笔工具完成创意效果的表达，能够使用修饰工具去除图像中的瑕疵，能够独立完成图像的简单后期处理任务，能够熟练操作软件的常用工具与命令，能够牢记各类常用命令的快捷键。

　　3. 素养目标：养成文件创建、命名的良好职业习惯，学会收集和整理各类图像素材。

# 3.1　Photoshop的工具栏核心工具简介

在 Photoshop 中几乎所有的图像处理都与选择有关，在 Photoshop 软件中选择工具群组包括 1 个工具和 5 个工具群。本项目将对一些常用的基本工具进行详细讲解，如图 3-1 所示。

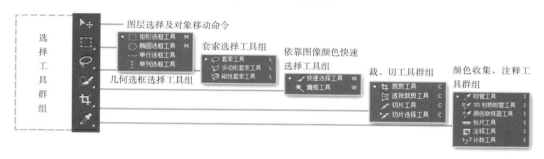

图 3-1　选择工具群组面板

## ■ 选择和套索工具群组的应用解析

### 1. 案例解析——移动工具的应用

移动工具（V）是 Photoshop 中最直观和最容易理解的工具之一，它能直接移动文字、图形、图层中的图像及选区中的内容。在移动工具状态栏中有一排用于对象对齐的图标，当需要将多个对象按要求排列时，这个功能能够提高工作效率，具体操作如图 3-2 所示。

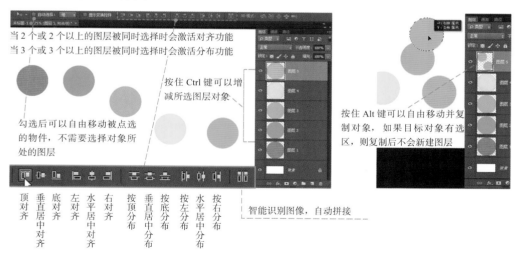

图 3-2　"图层选择"及"对象移动"命令

移动工具状态栏中的"自动对齐图层"功能可以很方便地将同一视角中的图像进行智能识别后自动拼接，从而快捷地制作全景图效果，将需要拼接的图层全选后执行"对齐"命令，如图 3-3 所示。

拼接图像的预设模式

全选需要拼接的图层

拼合后的效果

图 3-3 "自动对齐图层"功能

**2. 案例解析——选择工具的应用**

对图像的处理大多是在一个特定的选择范围之内进行，根据不同的任务要求可以选择不同的工具建立选区，有的十分快捷，有的却十分复杂。快速而准确地建立选区能有效提升图像后期处理的质量与效率，下面分别介绍三类选择工具的使用方法。

微课：选择移动工具实例解析

（1）选框工具。当需要一个几何形状图像时可以使用选框工具（M）快速地创建长方形（按住 Shift 键可以画出正方形）和椭圆形（按住 Shift 键可以画出正圆形）选区并填色。使用矩形选框工具和椭圆选框工具还可以根据需要设定"样式"中的比例关系或大小关系，也可以按住 Shift 键完成等比的框选，如果在等比关系下按住 Alt 键，则可以实现从中心画正方形选区或从中心画圆形选区，如图 3-4 所示。

（2）套索工具。当需要创建不规则选区时，可以选择"套索选择工具组"，多数情况下使用套索工具就能够绘制出直边的图形轮廓，如果配合选区的"添加"与"减除"等命令，就能够完成一些简单的图像处理任务，例如将图像中的电视屏幕替换为一个新的图像，如图 3-5 所示。

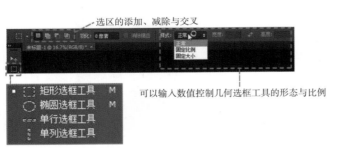

选区的添加、减除与交叉

可以输入数值控制几何选框工具的形态与比例

图 3-4 选框工具的使用界面

原图

效果图

图 3-5 套索工具应用的实例演示

步骤 1 在工具面板中使用多边形套索工具，单击图像中电视的 4 个角，可以按住 Shift 键绘制垂直线，工具面板上的添加选区、减除选区和交叉选区按钮的激活，可以用按 Shift 键进行添加选择，按 Alt 键进行减除选择，按"Shift+Alt"组合键进行交叉选择，如图 3-6 所示。

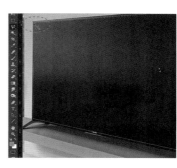

1. 新建选区
2. 添加选区（按 Shift 键进行添加选择）
3. 减除选区（按 Alt 键进行减除选择）
4. 交叉选区（按"Shift+Alt"组合键进行交叉选择）
5. 羽化值控制选择边缘的模糊程度，选择适当的参数能够避免轮廓边缘过于生硬，在图像合成时常对边缘设置一定的羽化值

图 3-6　选择区域的加选 / 减选

步骤 2　将得到的选区进行存储，鼠标右键单击"存储选区"，使用"自由变换"（"Ctrl+T"组合键）命令对风景图像进行"缩放"和"斜切"的操作，为了能够看见电视屏幕的区域，可以将风景图层的透明度适当降低，设置图层面板上的"不透明度=60%"，图像可以比电视屏幕略大一点，大小和位置调整完成后，将图层上的"不透明度"修改为 100%，如图 3-7 所示。

1.在完成选择区域的绘制后，鼠标右键选择"存储选区"命令

2.自由变换风景图层，按住 Shift 键，等比缩放图像

3.使用"斜切"命令继续调整图像，再次按住"Shift+Alt"组合键等比缩放图像，可以略微比电视屏幕大一点

图 3-7　图像的变换与调整

步骤 3　进入通道面板将存储的选区载入，为风景图像添加一个蒙版图层，为了使电视屏幕有一定的亮度，复制电视屏幕图层，将新图层的图像混合模式设置为"强光"，如图 3-8 所示。

图 3-8　增加图像的发光效果

（3）点选工具。快速选择工具和魔棒工具能够根据图像中颜色的色相、明暗来获得像素与像素间的差异，根据设定的"容差"值能最终确定需要选择的范围，再配合多边形套索工具进行适当的加选、减选，同样可以得到一个较好的选区，例如如果需要对图像中人物的衣服进行颜色的替换，那么首先需要得到衣服的选区，如图 3-9 所示。

图 3-9　应用快速选择工具和魔棒工具的实例展示

**步骤 1**　在工具面板中使用魔棒工具，设置"容差"为 45，单击图像中的橙色区域，按 hift 键进行加选或按 Alt 键进行减选，得到一个大概的选区，再配合"多边形套索工具"最终完善选区，如图 3-10 所示。

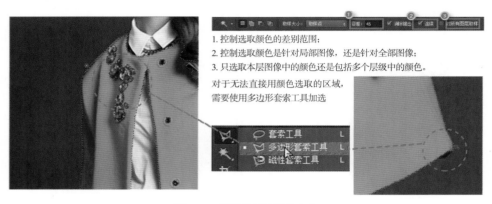

图 3-10　调整选区边缘的方式

**步骤 2**　获得选区后，在"蚂蚁线"（选区的显示边框）状态下单击图层面板上的"创建填充或调整图层"按钮，为选区添加一个"色相／饱和度"的调整层，调整层同时会自动生成一个蒙版，最后将调整层的混合模式修改为"颜色"，如果出现部分边缘的颜色有些生硬，可以使用画笔工具涂抹一下这些地方，将不透明度设置为 50% 左右即可，如图 3-11 所示。

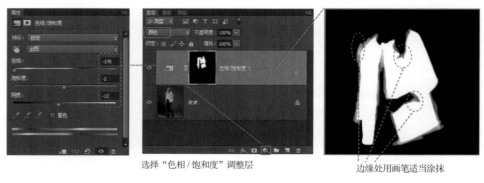

选择"色相／饱和度"调整层　　　　　　　边缘处用画笔适当涂抹

图 3-11　使用蒙版完善选区的边缘和细节

快速选择工具结合了"画笔"与"魔术棒"的特性，选择的机动性更强，设置画笔的大小能更精确地做出适合的选区，手动点选加上颜色与明暗的筛选，在大多数情况下都能满足选择的要求。另外，在"套索选择工具组"中还有一个能够自动选择的工具——磁性套索工具，它也是依靠图像的颜色和明暗来进行选区的筛选，但是它在使用时需要沿着图像的边缘放置"蚂蚁线"，操作时会有一些振幅，也会在选择时导致一些不确定性的问题，它没有魔棒工具和快速选择工具方便，所以并不常用。

微课：多边形选择和快递选择工具应用实例解析

## ■ 裁剪与颜色取样器的使用

### 1. 裁剪工具

裁剪工具（C）可以利用属性栏中的宽度、高度和分辨率选项来修剪图像文件。例如，想制作 5 寸照片，可以在宽度输入框中输入"5 英寸"，在高度输入框中输入"3.5 英寸"（如果以厘米为单位，是 12.7 厘米 ×8.9 厘米），用于打印时分辨率需要设置为 300 像素 / 英寸，如图 3-12 所示。

图 3-12 裁剪工具简介

透视裁剪工具能够十分方便地矫正因视角偏差导致透视变形的图像。例如，拍摄美术馆中的作品和翻拍图片或印刷品时可能导致的透视偏差。操作方法如图 3-13 所示。

切片工具多用于网页图像文件的分割，将较大的图像分解为若干小图，在网页浏览时提高网页图片的打开速度。制作网页主页时也需要将图像按照功能分区进行切片，以方便动画效果的添加。

裁剪后结果

图 3-13 透视裁剪工具简介

切片选择工具能够将分割的文件进行位置移动与合并编辑，在进行网页切片时，都会配合"参考线"（"Ctrl+R"组合键开启标尺，直接用移动工具在标尺刻度上拖曳出蓝色参考线，如果需要去除参考线，可以使用菜单栏中的"视图"→"清除参考线"命令）创建切片，如图 3-14 所示。

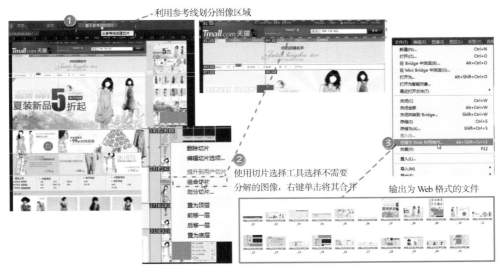

图 3-14 切片工具简介

**2. 吸管工具**

吸管工具能快速、准确地吸取鼠标所停留位置图像的颜色，主要用于获取颜色，它能将吸取色放置在前景色中（按 Alt 键则将吸取色放置在背景色中）；颜色取样器工具可以同时标记四个不同位置的颜色，在信息面板可以查看每个取样点的颜色数值，有了这些数值就可以判断图片是否有偏色或颜色缺失等，在校正偏色及多种图像颜色对比时会使用该工具，如图 3-15 所示。

通过标注取样位置颜色信息平衡图像色调，校正偏色

微课：裁剪和吸管工具应用实例解析

图 3-15　"吸管工具"简介

## ■ 修复画笔和仿制图章的应用解析

利用工具进行绘图是 Photoshop 中最重要的功能之一，无论是插画设计师还是平面设计师都离不开这些工具，在 Photoshop 中绘图与修饰工具群组包括八个工具群，将类型相似的工具分为三组进行讲解，如图 3-16 所示，"智能修饰图像工具组"和"图像仿制工具组"将在项目 6 中详细讲解，为了方便读者学习，本节主要采用微课的方式进行说明，请扫描下方的二维码了解修复画笔和仿制图章的应用。

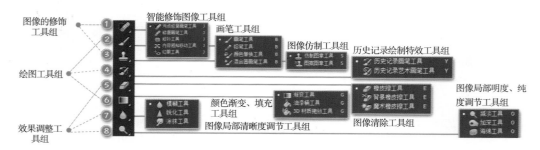

图 3-16　"绘图与修饰工具群组"面板简介

## ■ 画笔、填充及渐变工具的应用解析

在绘图工具组中包括涂画类、随机艺术类、颜色填充类三类工具命令。其中，画笔工具是进行图像绘制最重要的方式。它能够虚拟出真实画笔的很多属性，配合"数位板"，很多插画设计师能够在计算机中完成许多令人称奇的艺术作品（图 3-17）。历史记录画笔工具借用历史记录能够产生很多随机性的效果。渐变填充工具是绘制颜色平滑过渡的重要工具，在图像背景绘制和质感光效表达方面具有不可替代的作用。下面将选取三个最具代表性的常用工具以应用案例的形式进行解析。

微课：绘图工具应用实例解析

数字艺术插画师 梁月作品

图 3-17　插画艺术家使用画笔工具完成的作品

**1. 画笔工具**

在 Photoshop 中，画笔的特性主要依靠调节笔刷的大小、软硬、角度、形状、混合模式、不透明度及笔触间距等多个参数组合出千变万化的效果，具体面板设置如图 3-18 所示。

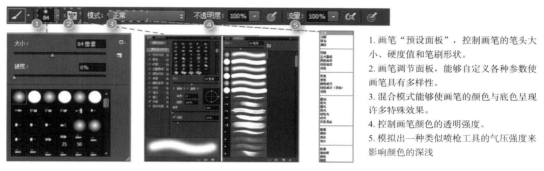

1. 画笔"预设面板"，控制画笔的笔头大小、硬度值和笔刷形状。
2. 画笔调节面板，能够自定义各种参数使画笔具有多样性。
3. 混合模式能够使画笔的颜色与底色呈现许多特殊效果。
4. 控制画笔颜色的透明强度。
5. 模拟出一种类似喷枪工具的气压强度来影响颜色的深浅

图 3-18　画笔工具简介

使用画笔工具将图像定义为画笔笔刷形态，通过调节画笔"预设面板"中的"间距""大小抖动""角度抖动""散布抖动"等参数完成对图像随机角度、大小和位置的复制效果，此技巧一般应用于随机文字及符号、焰火光效和昆虫聚散排列等案例中，如图 3-19 所示。

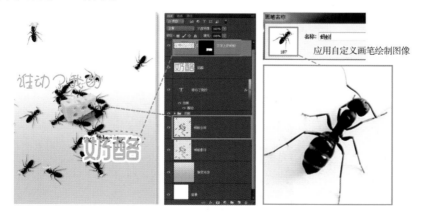

应用自定义画笔绘制图像

图 3-19　使用画笔工具完成图像随机分布实例

步骤 1　选择需要复制的图像，执行菜单栏"编辑"→"定义画笔预设"命令，将其定义为画笔的形态，注意用来定义画笔形态的图像一定要去除背景，如图 3-20 所示。

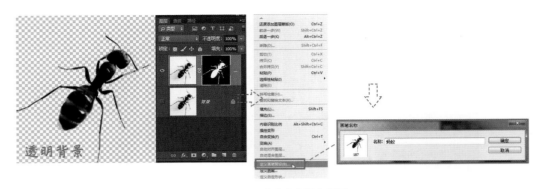

图 3-20 "自定义画笔"设置

步骤 2 新建一个文件窗口默认 A4 尺寸、300 像素 / 英寸、RGB 颜色模式，在画笔"预设面板"中选择刚才存储的图像为画笔形状，为其定义"笔尖形状"，继续为画笔定义"形状动态"和"散布"效果，如图 3-21 所示。

图 3-21 "画笔形态"设置

步骤 3 用调整好的画笔在新建图层上画出疏密得当的图像，按住 Ctrl 键载入绘制的蚂蚁选区，设置选区"羽化"值为 15，在图层的下方继续创建一个模拟蚂蚁影子的图层，填充灰色（R201/G201/B201），用"↓"和"→键"轻移图层，取消选区（"Ctrl+D"组合键）后选择菜单栏上的"滤镜"→"模糊"→"高斯模糊"命令，将参数设置为 3，将混合模式设置为"正片叠底"，调整图层面板中的填充值为 46%，如图 3-22 所示。

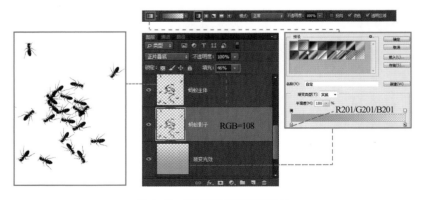

图 3-22 创建模拟图像阴影效果

步骤 4 放置一个"奶酪"的图像素材文件，用步骤 3 的方式为其添加投影，并分拆一部分图像制作成奶酪的碎屑状，为了体现出一些立体效果，使用加深工具、减淡工具对边缘部分进行适当涂抹，将所有奶酪图层放置到图层文件夹，以方便管理，如图 3-23 所示。

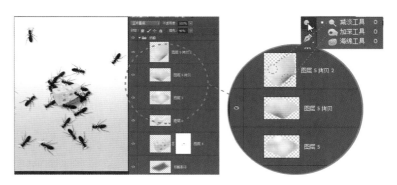

图 3-23　完善图像细节

步骤 5　添加主题文字"奶酪"，为文字设置一个"描边图层样式"，栅格化"奶酪"文字的图层样式，在其上方继续使用蚂蚁形状的画笔绘制一些小的图像，恢复画笔预设，为图像建立蒙版，最终完成制作，如图 3-24 所示。

1. 为文字添加"描边图层样式"；
2. 为栅格化图层样式的文字添加蒙版；
3. 复位画笔预设，选择默认笔刷绘制蒙版遮挡

图 3-24　完善实例的细节

### 2. 历史记录画笔工具

历史记录画笔工具是一种特殊的画笔，类似蒙版混合效果，区别在于混合的载体不是在蒙版图层上而是在图像层上，用画笔涂抹当前图像，使被涂抹区域与之前的状态进行混合，得到混合的效果直接显现在图像图层上，该工具常常与"滤镜"命令结合使用，如图 3-25 所示。

图 3-25　历史记录画笔工具简介

### 3. 渐变填充工具

渐变填充工具可以在图层上创建有均匀变化的颜色图像，可以根据需要创建线性渐变、径向渐变、角度渐变、对称渐变、菱形渐变五种渐变类型。在 Photoshop 软件的许多命令面板中可以看见"渐变填充"的身影，如图 3-26 所示。

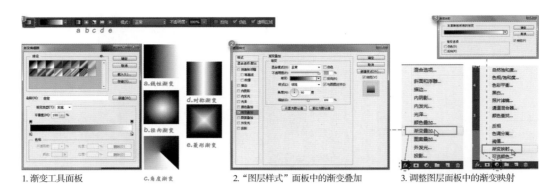

1. 渐变工具面板　　2. "图层样式"面板中的渐变叠加　　3. 调整图层面板中的渐变映射

图 3-26　渐变填充工具简介

渐变填充工具能够模拟很多材质的光影效果，在制作写实 UI 图标和二维产品效果方面有不可取代的作用，如图 3-27 所示。

可以按住 Alt 键复制并添加色标，删除色标可以按住 Alt 键向下拖曳，双击色标可以设置颜色取样

图 3-27　渐变填充工具中渐变色的设置

微课：效果调整
工具应用实例解析

# 3.2　课中测：核心工具理论知识小测验

　　Photoshop 工具栏中的常用工具命令需要读者在日常学习中反复应用。高效并准确地选择图像是图像处理的关键一环，正确使用各种工具将使读者的工作事半功倍。

"1+X"数字影像处理职业技能等级认证考试模拟题

# 3.3 技能实操

## ■ 制作一个波普艺术风格的微信头像

基本了解了 Photoshop 选择与绘制工具面板的基础理论知识和一些操作方法，相信读者对图像处理已经有了更深的认识，接下来继续完成一个更为复杂的实例：以波普艺术风格领军人物安迪·沃霍尔的作品为参考，制作一个个性十足的微信头像，如图 3-28 所示。通过对此实例的学习，能够激发出对图像处理技巧学习更大的热情。

安迪·沃霍尔《玛丽莲·梦露》1967 年　　　　原图　　　　　　　　效果图

图 3-28　波普艺术风格实例效果展示

**步骤 1**　为自己拍摄一张肖像照片，找一个面对窗户或光源充足的地方，背景尽量不要太杂乱。因为是用于微信的头像，所以使用裁剪工具将素材照片按照长、宽各 800 像素，分辨率 300 像素 / 英寸进行裁剪，效果如图 3-29 所示。

使用裁剪工具，裁剪出长、宽都为 800 像素，分辨率为 300 像素 / 英寸的图片。

图 3-29　使用裁剪工具

**步骤 2**　使用钢笔工具为人物的五官和衣服等区域进行路径的勾选，并在"路径"面板中对勾选的路径单独命名，使用钢笔工具勾选人物，尽可能勾选得比较细致，在"路径"面板中按住 Ctrl 键并单击人物轮廓路径，转换路径为选区，效果如图 3-30 所示。

1. 在使用钢笔工具的同时按住 Ctrl 键，切换为路径直接选择工具，对路径上的锚点边画边调整，力求边缘准确。
2. 在"路径"面板中分别为人物的五官和衣服建立选区。双击"工作路径"对勾选的路径选区重命名，进行保存。

3. 在"路径"面板中单击并按住 Ctrl 键转换路径为选区

图 3-30 使用钢笔工具勾选人物轮廓

步骤 3 在选区激活的状态下使用框选工具，单击鼠标右键，在弹出的快捷菜单中选择"调整边缘"命令，在"调整边缘"对话框中设置相应参数，去除照片中的背景，效果如图 3-31 所示。

图 3-31 使用"调整边缘"命令去除照片中的人物背景

步骤 4 复制人物图层，将该图层混合模式设置为"滤色"，不透明度为 65%，适当提高人物脸部的亮度，添加一个"黑白"调整图层，效果如图 3-32 所示。

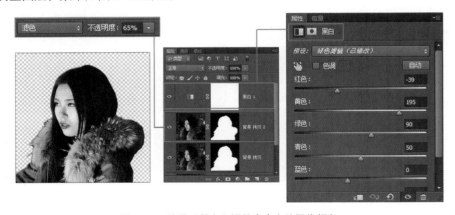

图 3-32 使用"黑白"调整命令去除图像颜色

步骤 5 使用"阈值"调整层将图像转换为速写风格，转换速写风格时需要设置两次参数：第一次参数设置为 156 得到人物脸部的轮廓，向上合并该图层，设置为不可见；第二次参数设置为 34 得到人物头发和衣服的细节，再次向上合并图层，对两次得到的"阈值"效果添加蒙版进行混合，力求最终效果既有黑白明暗关系，又有细节，效果如图 3-33 所示。

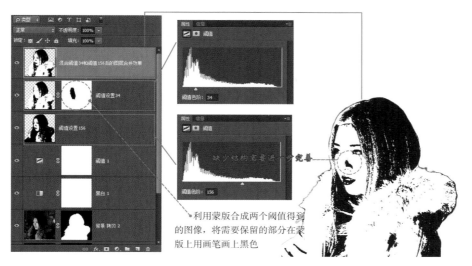

图 3-33 使用"阈值"调整层将图像转换为速写风格

**步骤 6** 仔细观察人物鼻翼处缺少线条的结构关系，再次返回到"滤色"混合模式图层并隐藏上方其他图层，向上合并得到一个适当调节亮度的图像，选择"滤镜"→"其他"→"高反差保留"命令，将参数设置为 2。对该图层执行"图像"→"调整"→"阈值"命令，将参数设置为 122，继续将得到的线稿图像与图 3-33 中的混合图像进行混合，最终得到具有速写风格的人物图像，如图 3-34 所示。

图 3-34 进一步完善速写风格的人物图像

**步骤 7** 对混合得到的速写风格图像继续向上合并一次，使用"滤镜"→"模糊"→"高斯模糊"命令，将参数设置为 1，适当为图像添加一些灰色像素，将文件命名为"微信头像制作 -1"，另存为 PSD 格式，因为后面的操作必须合并所有图层，保存 PSD 格式是十分必要的一个步骤，不能忽视。在"图像"→"模式"中选择"灰度"模式，合并全部图层，调整图像的模式为"位图"，效果如图 3-35 所示。

**步骤 8** 设置完成后得到一个带有印刷墨点效果的图像，再将图像模式转换为"灰度"模式，再转回"RGB"模式，将得到的图像拖曳进命名为"微信头像制作 -1"的文件中，调整图像大小并对齐图像的位置，将下方图层的"人物蒙版"复制到当前图层，进入"路径"面板按 Ctrl 键单击已经勾选完成的"头发路径"，载入人物的头发选区，新建图层并填充（前景色按"Ctrl+Del"组合键，背景色按"Alt+Del"组合键）黄色（R255/G255/B0），更改图层的混合模式为"正片叠底"，如图 3-36 所示。

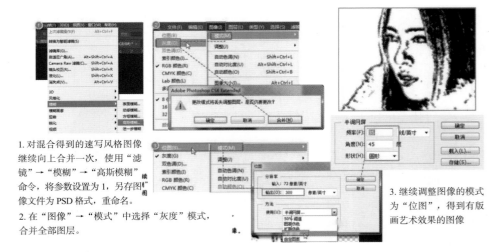

1. 对混合得到的速写风格图像继续向上合并一次，使用"滤镜"→"模糊"→"高斯模糊"命令，将参数设置为1，另存图像文件为 PSD 格式，重命名。

2. 在"图像"→"模式"中选择"灰度"模式，合并全部图层。

3. 继续调整图像的模式为"位图"，得到有版画艺术效果的图像

图 3-35　修改图像的颜色模式并保存当前文件为 PSD 格式

1. 将图像模式转换为"灰度"模式，再转回"RGB"模式，将得到的图像拖曳进命名为"微信头像制作 -1"的文件中，调整图像大小并对齐图像的位置，将下方图层的"人物蒙版"复制到当前图层中。

2. 进入"路径"面板按 Ctrl 键单击已经勾选完成的"头发路径"，载入人物的头发选区。

3. 新建图层并填充黄色（R255/G255/B0），更改图层的混合模式为"正片叠底"，重命名图层为"头发颜色"

图 3-36　为图像添加颜色

　　步骤 9　按照步骤 8 的方式对人物的肤色、瞳孔、嘴唇、衣服等选区都填充上颜色并更改混合模式为"正片叠底"，如果色块之间存在重叠或间隙，可以将相对应的图层进行删除或填补，在"人物蒙版"图层的下方新建一个背景层，所有的填充颜色都可以根据个人的喜好进行自由设定，此处效果仅作参考，如图 3-37 所示。

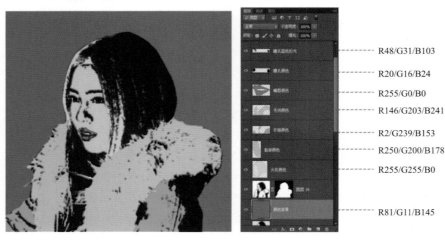

R48/G31/B103

R20/G16/B24

R255/G0/B0

R146/G203/B241

R2/G239/B153

R250/G200/B178

R255/G255/B0

R81/G11/B145

图 3-37　为人物所有区域填充上颜色

步骤 10    为了让最终的图像具有绘画的一些艺术风格，最后对图像添加一些画笔的涂鸦效果，将所有的黑色线条图像混合模式设置为"正片叠底"，彩色线条混合模式默认为"正常"，新建一个图层群组文件夹，并命名为"线条组"（素材线条的应用也可以根据自己的理解，在白纸上描绘后拍照转换为素材图像），如图 3-38 所示。

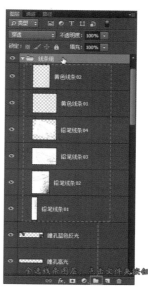

图 3-38    为人物添加一些艺术风格的线条

步骤 11    利用步骤 6 中的线描图层，单独显示该图层（按 Alt 键单击图层前的"眼睛"图标），然后进入通道面板，复制一个单色通道并将其反相（按"Ctrl+I"组合键），按 Ctrl 键单击图像，载入图像中的白色区域，返回到图层面板，新建一个图层放置在最顶层，为选区填上颜色（R255/G64/B226），再为它添加一个蒙版层，为蒙版层填充黑色，先将所有效果全部遮挡，再选择白色，用画笔将需要添加高光的区域描绘出来，最终给人物图像的五官增加一些鲜艳的高光，完成全部的制作任务，如图 3-39 所示。

1. 复制一个单色通道并将其反相（按"Ctrl+I"组合键），按 Ctrl 键单击图像，载入选区，返回到图层面板填充颜色。
2. 为新图层添加一个蒙版层，为蒙版层填充黑色，先将所有效果全部遮挡，再选择白色，用画笔将需要添加高光的区域描绘出来

图 3-39    为人物添加高光区域并描绘鲜艳颜色

微课：实例解析——制作一个艺术风格的微信头像（1）　微课：实例解析——制作一个艺术风格的微信头像（2）　微课：实例解析——制作一个艺术风格的微信头像（3）　微课：实例解析——制作一个艺术风格的微信头像（4）

## ■ 应用混合器画笔工具完成一张现代风格的文化节海报

混合器画笔工具在实际应用时经常被用来生成具有流动效果的艺术字体，如图 3-40 所示。

混合器画笔工具的工作原理可以理解为将颜色罐中的两种或多种颜色同时呈现在画笔的笔尖，再沿着指定的路径去描绘，可以产生许多随机的同时又具有很强艺术气息的流动文字。在讲解具体工具使用方法的同时，也为大家解析一个海报制作的案例。案例最终效果如图 3-41 所示。

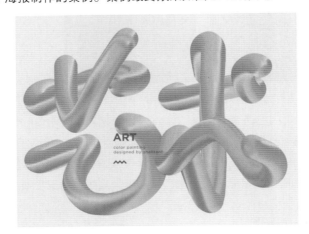

图 3-40　使用混合器画笔工具自制完成的流动字体效果　　　　图 3-41　使用"青春的节奏"艺术展演主题海报效果

**步骤 1**　新建文件，使用渐变填充工具，将前景色的 RGB 值设置为 R182/G50/B250，将背景色的 RGB 值设置为 R245/G249/B127，选择"径向渐变"的方式将图像的背景色填充为图 3-42 所示的效果。

**步骤 2**　使用自由钢笔工具在画面的中心位置书写"青春的节奏"五个主题文字，对书写完成的路径曲线进行优化，尽量把所有路径曲线上多余的锚点删除，效果如图 3-43 所示。

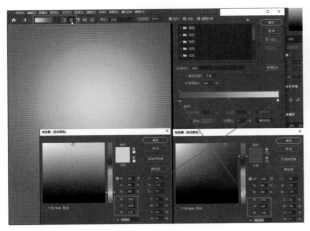
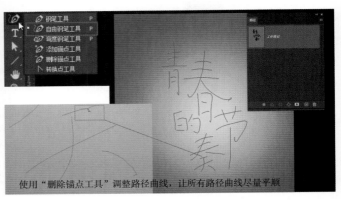

图 3-42　使用渐变填充工具后的背景效果　　　　　图 3-43　使用自由钢笔工具和删除锚点工具优化路径曲线

步骤 3　打开"混合器画笔颜色取样参考图"，按 Alt 键在画面中选取一个颜色混合较丰富的区域，再次进入海报案例画面，设置混合器画笔工具的画笔大小和连续性，然后创建一个新图层，进入"路径"面板，选择使用画笔描边路径，具体设置效果如图 3-44 所示。

步骤 4　对主体文字的位置和大小进行一些微调，然后添加一个"色相/饱和度"调整图层，对文字的亮度、颜色、饱和度进行适当优化，再为主体文字添加一些"音符"的元素和文字信息，具体设置效果如图 3-45 所示。

1. 选择混合器画笔工具，在素材图像上进行采样。采样时需要按住 Alt 键设置参数，潮湿：10%，载入：50%，混合：15%，流量：50%。
2. 在混合器画笔工具状态栏选择"画笔预设"，将画笔间距设置为 2%，大小设置为 50 像素。
3. 新建一个图层，进入"路径"面板，在"路径"面板中选择"画笔描边路径"命令，将混合器画笔采样的效果应用到文字路径上

图 3-44　使用"画笔描边路径"命令完成主体文字的效果

图 3-45　使用裁剪工具获得证件照图像标准尺寸

步骤 5　导入一个具有节奏变化的图像素材作为画面的背景，使用蒙版工具将画面的上下边缘进行适当融合，适当调整图像的方向，营造出向上涌动的效果，将顶部图像素材的"不透明度"设置为"59%"，具体设置效果如图 3-46 所示。

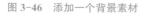

图 3-46　添加一个背景素材

微课：应用混合器画笔工具完成一张具有现代风格的文化节海报

# 夯实基础——解开图文混排的密码

## 项目导读

　　Photoshop 工具箱有三个非常重要的功能，它们是文字编辑、矢量路径创建和图形绘制，这些功能将一直贯穿于所有图像处理的任务中。本项目将选取一些实用的案例，重点围绕钢笔路径的应用情境、文字的设置和图形的绘制技巧，希望读者能够将理论知识与实践应用融会贯通。

## 学习目标

　　1. 知识目标：了解路径的绘制与调整、编辑矢量图形的相关知识点。

　　2. 技能目标：能够高效地使用钢笔工具绘制出较为精准的选区，能够根据画面需要调整文字的版面，能够精细地绘制出图形元素或具有创意概念的图标，能够独立完成精细图像的抠选任务，能够按照设计构思完成图文的混排，能够熟练操作软件的常用工具与命令，能够牢记各类常用命令的快捷键。

　　3. 素养目标：能够运用设计思维对图文元素进行归纳，能够思考图像元素与文案信息的内在逻辑关系。

# 4.1　路径、文字与图形绘制工具简介

## ■ 钢笔及路径选择工具的应用解析

钢笔工具能生成比较精准的选区，它具有许多优点，尤其是面对颜色纷繁、形状复杂且存在一些圆弧硬朗边缘的图像时，使用钢笔工具去获得相应的选区是最明智的选择，选取一个抠选工业产品的实例对钢笔工具的用法做详细讲解

工业产品的边缘不仅硬朗，同时还具有许多圆滑的曲线，在做选区时还对精细度有一定的要求，掌握好钢笔工具就能轻松面对这些难点，如图 4-1 所示。

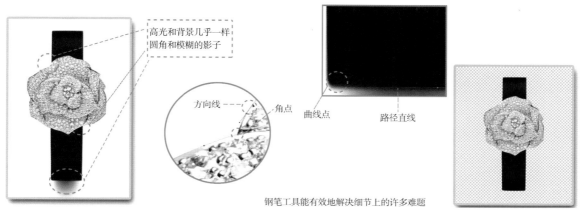

图 4-1　选择轮廓硬朗的对象是钢笔工具的优势

步骤 1　使用"放大"命令（"Ctrl+Space"组合键）将图像局部放大以便于观察，配合抓手工具（Space 键）平移画面，使用钢笔工具从左上角的一个局部开始勾选产品的轮廓，状态栏中选择"路径"并勾选"橡皮带"设置，如图 4-2 所示。

图 4-2　"钢笔工具"界面简介

步骤 2　调整路径上的锚点，注意点的密度、曲线的弧度、锚点位置的微调，最终完成对图像的抠选，如图 4-3 所示。

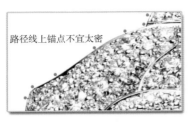

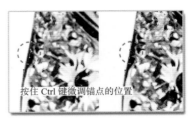

1. 闭合路径完成轮廓的抠选　　2. 将路径转换为选区　　3. 为选区建立一个蒙版　　4. 完成目标与背景的分离

图 4-3　对路径上锚点位置的微调

温馨提示：在使用钢笔工具的过程中，需要注意以下几点。

（1）路径线上点的放置应该结合图像边缘的起伏关系，平缓的弧度不宜锚点太密，尽量用少的点描绘出准确的轮廓，这个技巧需要经过大量练习才能掌握。

（2）拖曳方向线可以调整曲线的弧率关系，如有锐角点边缘，可以选择按住 Alt 键开启转换点工具，方向线上的两个调节手柄可以在转换点工具状态下删除。

（3）如有边缘锚点不准确的地方，可以按住 Ctrl 键调出直接选择工具微调锚点的位置，如路径线上出现小圆圈的图标，表示该路径可以闭合。

微课：钢笔及路径
选择工具的使用

## ■ 文字工具的使用和图文混排技巧

### 1. 文字工具

"工具箱"面板中的文字工具包括横排文字工具、直排文字工具、横排文字蒙版工具和直排文字蒙版工具四种。前两种工具可以直接创建文字图形，后两种工具只能生成文字选区。

（1）文字的创建。单击文字工具按钮，文件窗口会出现输入文字光标，图层栏也会自动创建一个符号为"T"的文字图层，该图层是以矢量方式记录文字的，许多针对位图的图像调整命令都不能修改文字图层，如需要修改，则必须在"图层"面板中将文字"栅格化"——将文字图层转变为图像。转换完成后，文字工具中的字体设置、字号大小、字符变形、颜色选择等多种约束命令都无效。但是，可以将文字转换为"形状图层"或"路径"，使用路径直接选择工具对文字轮廓进行微调和编辑，这种方法是对字体设计的有效途径，如图 4-4 所示。

1. 横排文字工具
2. 横、竖排文字转换选项
3. 字体预览选项
4. 字符大小设定
5. 消除文字锯齿选项模式
6. 文字对齐方式选项
7. 文字颜色设定
8. 文字变形样式按钮
9. 字符预设和段落预设面板
10. 文字 3D 效果创建
11. 文字图层转换选项，进入"路径"面板可以调整路径轮廓

图 4-4　"文字工具"面板简介

（2）字符的设置。"字符"设置面板主要用来设置文字的字体类型、字间距、行间距、字体横竖比例等多项微调参数，具体功能如图4-5所示。

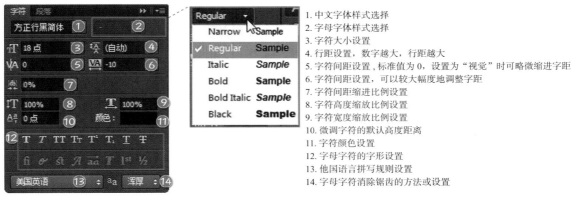

1. 中文字体样式选择
2. 字母字体样式选择
3. 字符大小设置
4. 行距设置，数字越大，行距越大
5. 字符间距设置，标准值为0，设置为"视觉"时可略微缩进字距
6. 字符间距设置，可以较大幅度地调整字距
7. 字符间距缩进比例设置
8. 字符高度缩放比例设置
9. 字符宽度缩放比例设置
10. 微调字符的默认高度距离
11. 字符颜色设置
12. 字母字符的字形设置
13. 他国语言拼写规则设置
14. 字母字符消除锯齿的方法或设置

图4-5　"字符"设置面板简介

（3）段落格式的调整。"段落"格式调整面板主要用来设置段落间的对齐方式、避头尾法则、间距组合等段落间的各项微调参数，具体功能如图4-6所示。

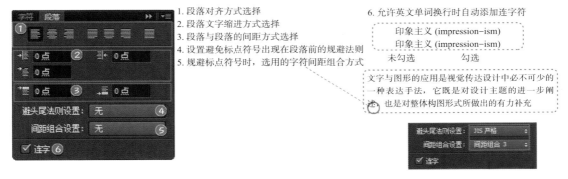

1. 段落对齐方式选择
2. 段落文字缩进方式选择
3. 段落与段落的间距方式选择
4. 设置避免标点符号出现在段落前的规避法则
5. 规避标点符号时，选用的字符间距组合方式
6. 允许英文单词换行时自动添加连字符

印象主义 (impression-ism)
印象主义 (impression-ism)
未勾选　　　　勾选

文字与图形的应用是视觉传达设计中必不可少的一种表达手法，它既是对设计主题的进一步阐，也是对整体构图形式所做出的有力补充

图4-6　"段落"格式调整面板简介

**2. 路径在图文混排中的应用**

下面以案例的形式解析路径在图文混排中的应用。在图像处理任务中常常会遇到图文混排的情况，有时需要文字环绕图像边缘，有时需要文字填充或避让图像边缘，这些多样的图文混排形式都是依靠文字工具吸附路径的方式来完成的，如图4-7所示。

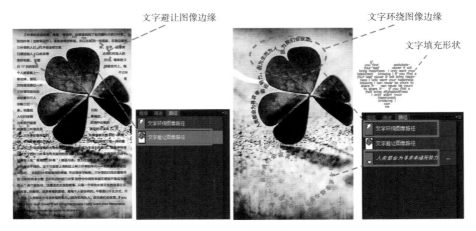

文字避让图像边缘　　　文字环绕图像边缘　　　文字填充形状

图4-7　图文混排实例简介

**步骤1**　使用钢笔工具或形状工具为图像中需要避让、填充和环绕的图像区域创建一个路径，需要注意两种路径

的区别：用于填充形状的路径必须是一条完整的、闭合的单一路径（由一条路径线绘制完成）；环绕图像边缘的路径可以是闭合的，也可以是开放的，如图 4-8 所示。

图 4-8　两种路径的区别

步骤 2　使用横排文字工具单击创建的封闭路径内部，会出现①的图标，输入的文字将被规定在填充和避让的路径形状内；单击创建的开放或封闭路径外部时会出现 的图标，输入的文字将被吸附在路径形状线上，如图 4-9 所示。

图 4-9　文字填充或环绕路径的效果简介

步骤 3　在文字图层被激活的状态下，进入路径面板中使用路径选择工具单击路径线上的小黑点，拖曳路径线上的 图标，左右滑动可以控制文字的显示长度，单击箭头图标对应的方向可以控制文字朝外或朝里环绕路径，如果改变路径形状，所有已经创建的文字都会相应发生位置上的变化，如图 4-10 所示。

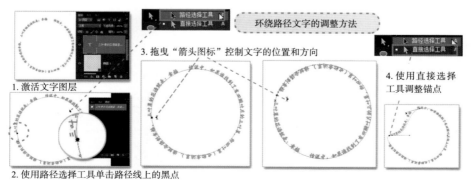

图 4-10　调整文字环绕路径的方法演示

## 4.2　课中测：核心工具理论知识小测验

钢笔工具的高效应用能够快速解决各种复杂图像的选取，通过路径的绘制可以实现不同的图文混排效果。

"1+X"数字影像处理职业技能等级认证考试模拟题

## 4.3　实训任务

### ■ 绘制一个扁平风格的App图标

Photoshop 支持矢量图像绘制，并且绘制与调整像素时能够通过"自动对齐到网格"的设置修正一些虚边的现象，这就使在图形标志的设计中，Photoshop 也能够有较好的表现。开始设计任务时需要做一些预设，以便能够使图形看上去更加饱满、细腻，具体设置如图 4-11 所示。

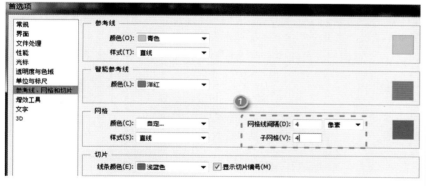

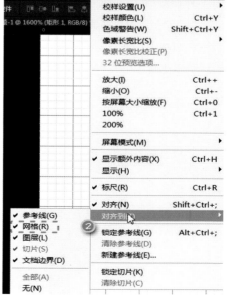

1. 在"首选项"界面中将网格单位由毫米修改为像素，网格线间隔数值设置为 1~5。
2. 在视图菜单中设置图像物件对齐到网格

图 4-11　在"首选项"和"视图"→"对齐到"面板中进行相关设置

■ 案例解析——扁平风格的图形标志

扁平风格的图形界面标志效果展示如图 4-12 所示。

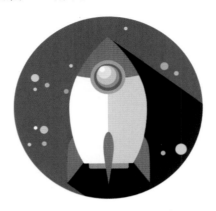

图 4-12　扁平风格的图形界面标志效果展示

　　步骤 1　新建一个 800 像素 ×800 像素、72 像素 / 英寸、颜色模式为 RGB 的图像文件。打开"视图"菜单中的"标尺"显示（"Ctrl+R"组合键），在视图中横向和纵向拖曳两条参考线找到视图的中心点，使用椭圆工具在中心点处双击鼠标左键，弹出"创建椭圆"界面，设置宽度、高度都为 512 像素，设置如图 4-13 所示。

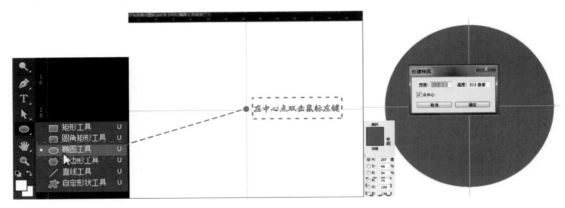

图 4-13　使用图形绘制工具绘制一个正圆

　　步骤 2　使用相同的方法新建一个长度 400 像素、宽度 200 像素的椭圆形图层，使用直接选择工具在创建的椭圆边缘单击使路径上的锚点可见，选择转换点工具（在钢笔工具箱中）在上方顶部的锚点上单击，将顶部调节成一个较尖锐的角度，如图 4-14 所示。

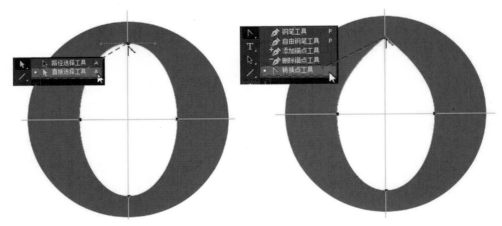

图 4-14　选择转换点工具将顶部调节成一个较尖锐的角度

**步骤 3** 在当前图层被选择的状态下，先在"形状工具"状态栏的形状控制面板中选择"与形状区域相交"的路径操作选项，然后在当前图层继续绘制一个矩形，修剪图像如图 4-15 所示。

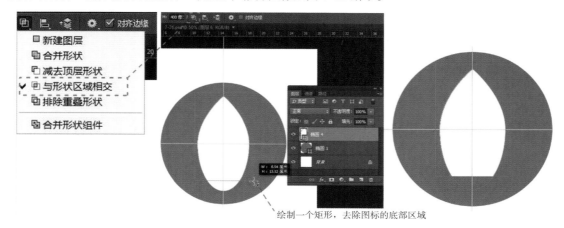

图 4-15 选择"与形状区域相交"的路径操作选项修剪图形

**步骤 4** 继续使用矩形工具创建一个浅灰色的矩形并将它放在所有图层的上方，遮挡主体图标的右半部分，按住 Ctrl 键载入主体图形选区，为当前绘制的灰色形状图层创建蒙版遮挡未被选中的部分，如图 4-16 所示。

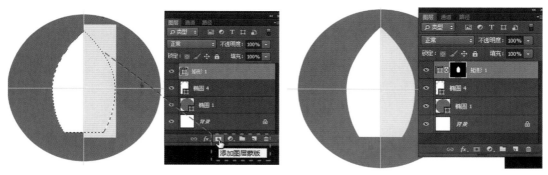

图 4-16 使用矩形工具遮挡主体图标的右半部分

**步骤 5** 继续为主体图标添加细节，使用圆角矩形工具（圆角半径为 5）在形状图层的最底层绘制出火箭图形的尾端；再使用椭圆工具绘制一个红色的圆圈，然后使用直接选择工具选择下方的锚点并将它往下拖曳以拉长图形，然后使用转换点工具使图形的下部变得更加细长，如图 4-17 所示。

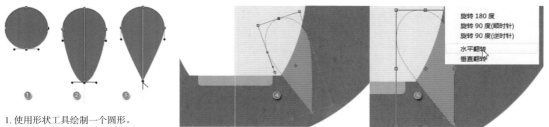

1. 使用形状工具绘制一个圆形。
2. 使用直接选择工具垂直向下拖曳圆形底部的锚点。
3. 使用转换点工具将底部的锚点转换为锐角点。
4. 使用自由变换工具将绘制的形状旋转，将该图层复制 2 次。
5. 在"自由变换"命令状态下对复制的形状图层使用"水平翻转"命令

图 4-17 在形状图层的最底层绘制出火箭图形的尾端

**步骤 6** 按 Shift 键移动"水平翻转"后的形状图层，旋转复制的第三个形状放置在主体形状的中间并适当改变其宽度（在"自由变换"命令状态下按 Alt 键向内收缩形状的宽度），如图 4-18 所示。

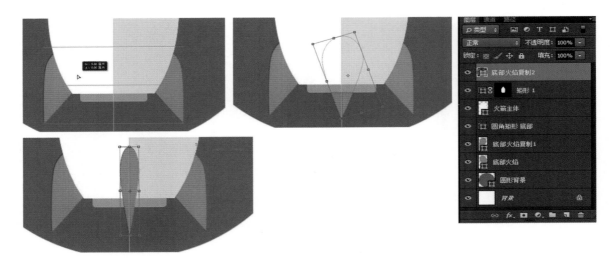

图 4-18　使用"水平翻转"和"旋转复制"命令完善图形

**步骤 7**　选择椭圆工具绘制一个圆形，复制创建的当前图层（"Ctrl+J"组合键），变换（"Ctrl+T"组合键）复制出的图层形状，将圆形的高度和宽度缩小至原来的 80%。这里以一种较淡的灰蓝色填充内部圆形，如图 4-19 所示。

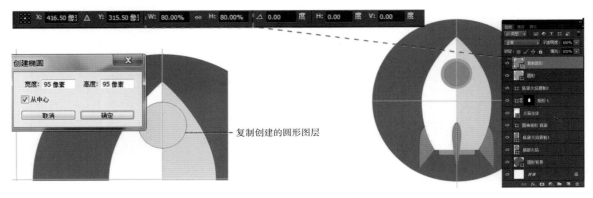

图 4-19　完善图形窗口细节

**步骤 8**　在图层的顶端绘制一个椭圆形，复制主体形状图层并将其放置在当前图层的下方，保持椭圆工具的选择，同时选择这个新创建的图形和主体形状图层，单击鼠标右键，在弹出的快捷菜单中选择"统一重叠处形状"命令，如图 4-20 所示。

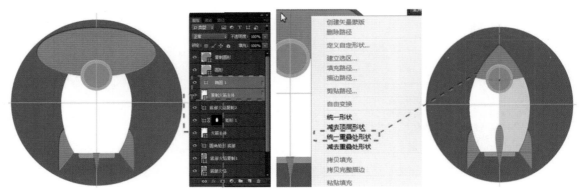

复制图层后移动到椭圆形下方

图 4-20　使用"统一重叠处形状"绘制图形顶部

步骤 9　为图形继续添加细节，在火箭图案的圆形窗口上添加光影的变化，如图 4-21 所示。

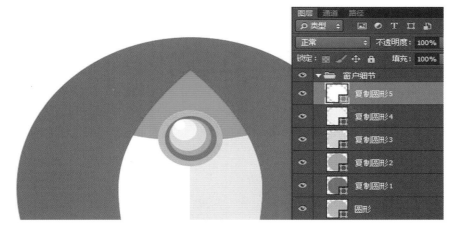

图 4-21　在火箭图案的圆形窗口上添加光影的变化

步骤 10　为主体图形添加一个长阴影，方法如图 4-22 所示。

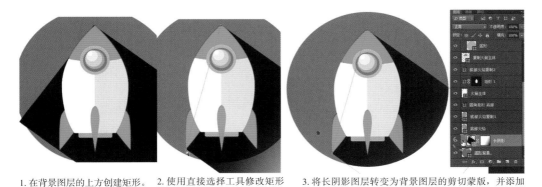

1. 在背景图层的上方创建矩形。　2. 使用直接选择工具修改矩形的锚点。　3. 将长阴影图层转变为背景图层的剪切蒙版，并添加一个渐变蒙版，为阴影制作出深浅层次

图 4-22　为主体图形添加一个长阴影

步骤 11　为蓝色背景添加一些圆形的点缀图案，颜色和大小都略微有些区别，最终效果如图 4-23 所示。

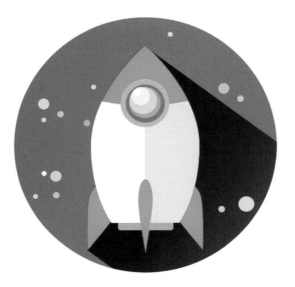

微课：形状工具绘制 UI 图标案例解析（1）

微课：形状工具绘制 UI 图标案例解析（2）

图 4-23　为蓝色背景添加一些圆形的点缀图案

### ■ 设计一张中国风的艺术展览海报

#### ■ 案例解析——中国风艺术海报的制作

本案例重点介绍文字排版的一些注意事项，会使用到"毛笔"和"网点图案"的素材，希望通过该案例的学习能够帮助读者掌握文字层次关系处理的一些技巧，案例最终效果如图 4-24 所示。

步骤 1　分析设计需求，结合海报的内容和文化特色，形成"水平居中"的构图形式。新建一个 21 厘米 × 28.5 厘米、180 像素 / 英寸、颜色模式为 RGB 的文件，为创建的背景图层填充颜色 R201/G174/B65；为了贴近中式风格，选择主题文字为"方正中雅宋繁体"（颜色 R84/G63/B3），在图层上创建横、竖两条参考线，将文字对齐到图层的中间，如图 4-25 所示。

图 4-24　中国风艺术海报最终效果

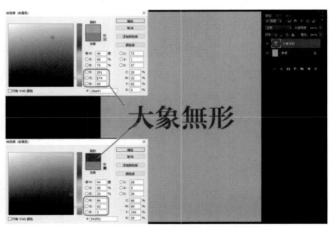

图 4-25　确认画面的基础色调

步骤 2　导入"毛笔"素材并对外形做适当调整，将毛笔的高度等进行缩小（"Ctrl+T"组合键），载入当前图层选区（按住 Ctrl 键，单击图层面板上的"毛笔"缩览图层），为"毛笔"图层填充颜色（R84/G63/B3），将其放置在图层的中心线上，如图 4-26 所示。

步骤 3　新建图层，使用形状工具绘制一个高度、宽度都为 800 像素的正方形，填充颜色（R84/G63/B3），选中这两个图层并将其与毛笔图案进行沿中线对齐，再对两个图层同时进行缩放，调整其在版面中的位置，如图 4-27 所示。

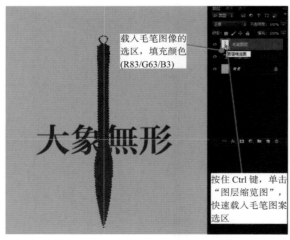

图 4-26　载入"毛笔图形"并填充颜色

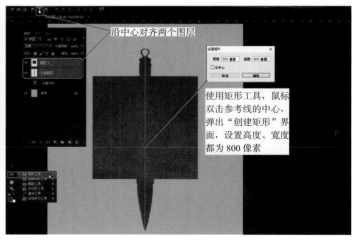

图 4-27　绘制主体几何图形

步骤 4　将文字图层"大象无形"（颜色 R252/G238/173）拆分为单独的文字图层组，设置它们的大小约为 149 点并对其位置重新进行排序，同时将文字和中间的方形适当缩小，完成版面中心图文的制作，如图 4-28 所示。

步骤 5　确定海报中的标题层级关系，输入海报的主题"宋雨桂水墨艺术展"（文字字体为"方正兰亭刊黑"，颜色 R84/G63/B3，大小约为 24.24 点），将版面四周分别填补上放大后的文字（颜色 R84/G63/B3，大小约为 235 点），效果如图 4-29 所示。

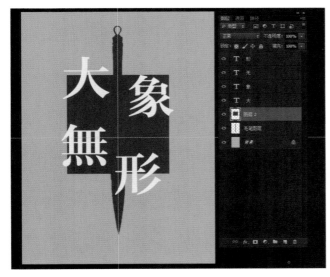

图 4-28　完成主体文字的布局

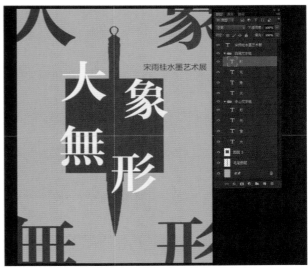

图 4-29　调整画面四周的文字位置

步骤 6　继续完成海报中的信息。将"时间""地点"等主要信息进行版面的排列，注意首对齐，为文字添加一个统一的颜色填充样式效果（R84/G63/B3），添加完成后的效果如图 4-30 所示。

步骤 7　为海报中间的主题文字添加蒙版遮挡，为文字的空隙处添加相对应的拼音（大小约为 17 点），以突出文字的层次变化，效果如图 4-31 所示。

图 4-30　根据文案层级关系确定文字的大小及版式效果

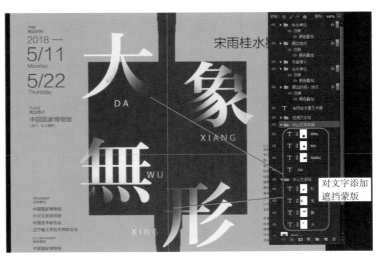

图 4-31　对部分主体文字的笔画进行遮挡

步骤 8　为海报四周的文字继续添加艺术效果，复制"四周文字组"图层并命名为"四周文字艺术效果组"，其位置在"四周文字组"的上方，为左上角的文字"大"添加一个图层样式，使用"图案叠加"命令，将提供的素材文件"圆点图案"自定义为图案，在"图案叠加"样式中，将"圆点图案"设置为"正片叠底"效果，应用给整个文字组，最后将该文字组的填充度设置为 0，效果如图 4-32 所示。

步骤 9  为海报添加一些艺术纹理，使整体效果更沉稳。在图层的最上层新建一个图层，填充为黑色，选择"滤镜"→"杂色"→"添加杂色"命令，勾选"单色"复选框，将该图层的混合模式设置为"柔光"，调整不透明度为 45%，最终效果如图 4-33 所示。

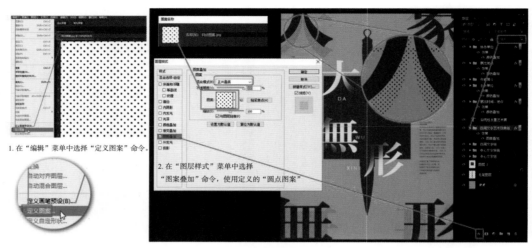

图 4-32  设置文字的点状效果

图 4-33  丰富海报的细节

微课：中国风的
艺术海报设计实
例解析（1）

微课：中国风的
艺术海报设计实
例解析（2）

项目 **5**

# 能力进阶——打开"样式调整"的宝箱

PROJECT 5

**项目导读**

　　Photoshop 的图层样式功能十分强大，图层样式面板能够通过不同的样式参数综合计算各种光影、凹凸、反射等效果，它是后期制作图形或形成特殊文字效果的重要手段之一。Photoshop 提供了多种图层样式，既有增加投影、边缘发光等简洁的操作，也有实现虚拟三维效果和添加表面纹理变化的综合设置。与图层绘制和滤镜叠加的方法相比较，图层样式具有速度更快、效果更精确、可编辑性更强的优势。

**学习目标**

　　1. 知识目标：了解各类图层样式面板的基本用法和相关知识点。

　　2. 技能目标：能够较准确地设置图形与文字的投影、发光、纹理变化与立体等效果，能够根据设计需求独立完成图形或文字的样式调整任务，能够熟练地操作软件的常用工具与命令，能够掌握 3~5 种常用样式的设置要领。

　　3. 素养目标：能够了解 3~5 种常用样式质感的特征，运用创新思维自由表达文案所需的装饰效果。

# 5.1 样式效果基础知识讲解

## ■ 认识面板中的各种样式

图层样式在 Photoshop 中常常被用来与文字、图形共同制作各种效果，利用这种便捷的功能可以为选择的目标文件添加各种立体投影、发光效果、渐变颜色、描边及立体感等多种效果。它有许多优点，如调节出的特殊效果可以被应用于位图和矢量图形，完全不受图层类别的限制；具有极强的可编辑性，当图层中应用了图层样式后，会随文件一起保存，可以随时进行参数选项的修改并实时反馈效果；通过图案素材文件的叠加还可以创作出非常真实、细腻的效果；图层样式可以在图层之间进行复制、移动，也可以存储为独立的文件，将工作效率最大化。图层样式效果面板如图 5-1 所示。

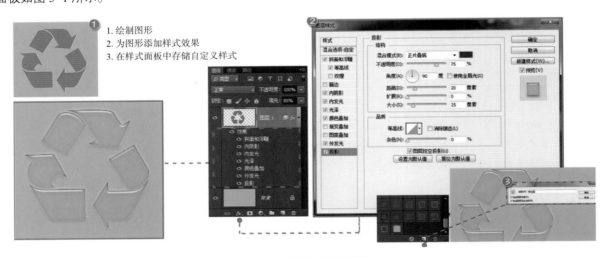

图 5-1 图层样式效果面板

使用形状工具和"添加图层样式"命令能够绘制出多种艺术效果的 UI 图标，添加应用样式图层不仅能够制作出简洁明快的扁平风格，同样也能表现出非常写实的光效质感，如图 5-2 所示。样式命令的面板介绍及基础操作采用微课的方式介绍，请扫描下面二维码观看。

图 5-2 使用形状工具可以绘制出不同风格的 UI 图标

微课：样式效果
面板基础讲解

## ■ 绘制一个拟物风格的UI图标

### ■ 案例解析——应用样式命令绘制UI图标

通过使用形状工具和"添加图层样式"命令能够制作出非常逼真的 UI 图标，如图 5-3 所示。

图 5-3　写实风格图标效果展示

步骤 1　新建一个 800 像素 ×800 像素、分辨率 72 像素 / 英寸、颜色模式为 RGB 的文件。新建图层使用"黑色到透明"的线性渐变方式绘制一个有颜色变化的背景色；打开标尺工具为图像文件拖曳两条参考线找到圆形的圆心点，使用椭圆工具绘制一个长度、宽度都为 680 像素的圆形，使用"渐变填充"样式命令为圆形添加颜色，效果如图 5-4 所示。

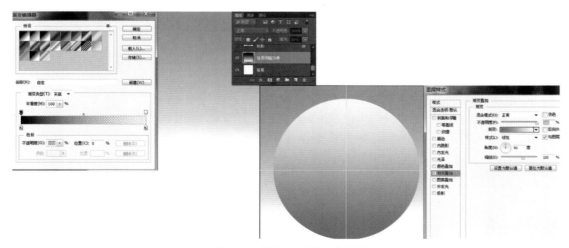

图 5-4　使用"渐变填充"的样式命令填充圆形

步骤 2　为圆形添加"描边"样式命令，在面板中修改描边填充类型为"渐变"，面板设置如图 5-5 所示。

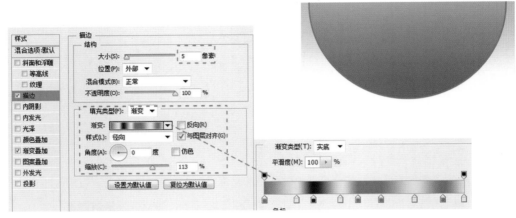

图 5-5　为圆形添加"描边"样式命令

步骤 3　复制当前的圆形图层，使用"自由变换"（"Ctrl+T"组合键）命令设置圆形的长度和宽度并等比例缩放 95%，如图 5-6 所示。

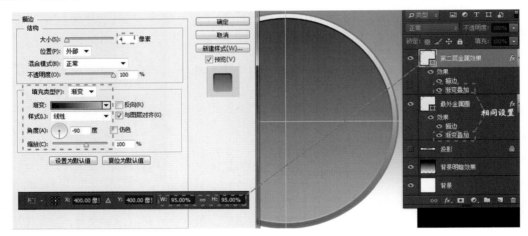

图 5-6　绘制图标内部效果

步骤 4　载入当前形状图层的选区并新建一层，为其填充 50% 的灰色，将混合模式修改为"叠加"，选择"滤镜"→"杂色"→"添加杂色"命令，为绘制的金属边框添加磨砂质感，如图 5-7 所示。

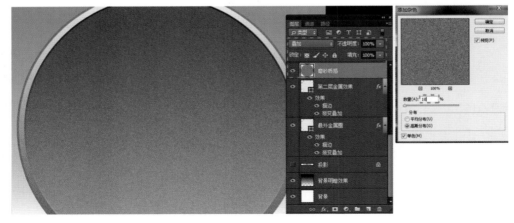

图 5-7　为金属边框添加磨砂质感

步骤 5　继续复制当前的圆形图层，使用"自由变换"命令设置圆形的长度和宽度，同时等比例缩放 90%，为该图层依次添加"渐变叠加""内发光""内阴影""投影"等样式效果，具体设置如图 5-8 所示。

图 5-8　为图形添加样式效果

步骤 6　为形状图层添加光感，继续复制当前的圆形图层，去除所有的图层样式，将填充颜色调整为白色，设置复制出的圆形长度和宽度，同时等比例缩放 98%，选择"自由变换"→"变形"命令，将形状的边缘进行调整，设置混合模式为"正片叠底"并添加一个遮挡蒙版，对右边的形状进行适当遮盖，具体效果如图 5-9 所示。

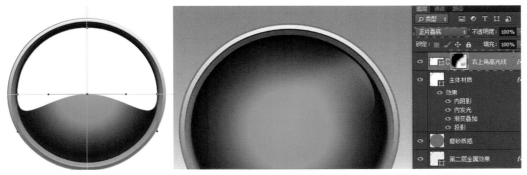

图 5-9　绘制图标的光影效果

步骤 7　载入当前的圆形选区，使用"变换选区"命令将其移动旋转到主体的右下角，新建图层并绘制一个椭圆选区进行减选，为选区填充渐变效果，并修改混合模式为"滤色"，不透明度为 10%，最终为主体添加一个反光效果，如图 5-10 所示。

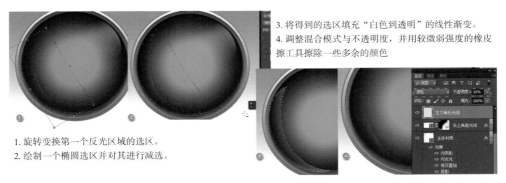

图 5-10　为主体图形添加一个反光效果

步骤 8　新建一个音符形状图层，为其分别添加多个样式效果，具体设置如图 5-11 所示。

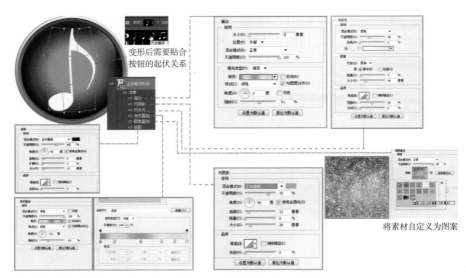

变形后需要贴合
按钮的起伏关系

将素材自定义为图案

图 5-11　新建一个音符形状图层并为其分别添加多个样式效果

步骤 9　为所有可见图层添加一个"曲线"调整层，整体加强亮度并为其添加一个遮挡蒙版，使主体图形被提亮，背景不变，如图 5-12 所示。

图 5-12　调整图形整体亮度

步骤 10　为底层的金属圆环图形添加阴影效果，在背景图层的上方新建图层，使用椭圆形框选工具，为框选的椭圆形选区设置羽化半径为 20 像素，填充黑色，将得到的结果自由变换拉宽，并适当调整变形出一些向上的弧度，将做好的阴影紧贴底层的金属圆环图形边缘，完成所有绘制操作，如图 5-13 所示。

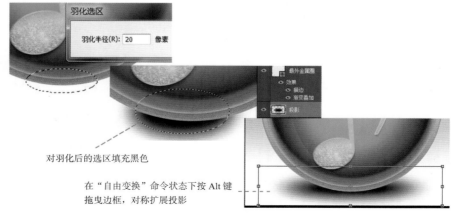

对羽化后的选区填充黑色

在"自由变换"命令状态下按 Alt 键
拖曳边框，对称扩展投影

图 5-13　为底层的金属圆环图形添加阴影效果

─────── ■ 拓展案例 ───────

1. 补充实例 1："拟物相机"图标绘制

微课："拟物相机"图标绘制（1）

微课："拟物相机"图标绘制（2）

微课："拟物相机"图标绘制（3）

微课："拟物相机"图标绘制（4）

2. 补充实例 2：拟物风格 UI 实例——写实风格"闹钟"图标绘制

微课：拟物风格 UI 实例——写实风格"闹钟"图标绘制

## 5.2 课中测：核心工具理论知识小测验

　　图层样式面板是丰富图形呈现形式的最佳途径，通过多种样式效果的叠加，能够使文字和图形产生更吸引目光的美感。

"1+X"数字影像处理职业技能等级认证考试模拟题

## 5.3 实训任务

■ "黄金"字体效果案例解析

　　金属效果也常常被用于字体的装饰，金属的立体感与光泽效果是表现质感的关键，本节选取了一个"黄金"字体效果案例，通过详细介绍样式设置的方法去解析如何模拟出这种效果，如图 5-14 所示。

微课：半透明按钮效果制作

微课：可乐效果字体制作

图 5-14　"黄金"字体效果

步骤 1　新建一个 3 307 像素 ×1 063 像素、分辨率 300 像素 / 英寸、颜色模式为 RGB 的文件。将背景图层填充蓝灰色（R105/G102/B120）。使用文字工具新建一个文字图层，输入文字"金光灿灿"，选择黑体字体，颜色使用白色，将字体大小设置为 200 点，效果如图 5-15 所示。

图 5-15　"黄金"创建文字图层

步骤 2　为文字图层添加一个"颜色叠加"样式，填充"浅黄色"，颜色设置为 R239/G213/B107，将颜色混合模式设置为"正常"，效果如图 5-16 所示。

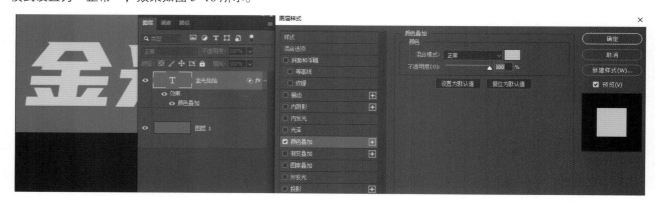

图 5-16　创建"颜色叠加"图层样式

步骤 3　为文字图层添加一个"斜面和浮雕"样式，将样式选择"内斜面"，方法选择"雕刻清晰"，方向设置为"上"，深度设置为"150%"，大小设置为"30"像素，软化设置为"0"像素，阴影角度和高度分别设置为70° 和 30°（取消勾选"使用全局光"选项），在"光泽等高线"形态窗口双击鼠标左键，高光模式选择"线性光"，填充"白色"，阴影模式选择"正常"，填充"暗金色"（R54/G41/B0），如图 5-17 所示。

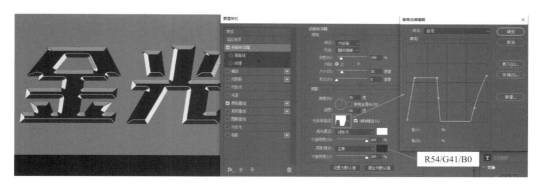

图 5-17　创建"斜面和浮雕"图层样式

步骤 4　为"斜面和浮雕"样式增加光影细节，勾选"等高线"选项，将"范围"幅度设置为"65%"，在"等高线"形态窗口双击鼠标左键，"等高线"调整的形态如图 5-18 所示。

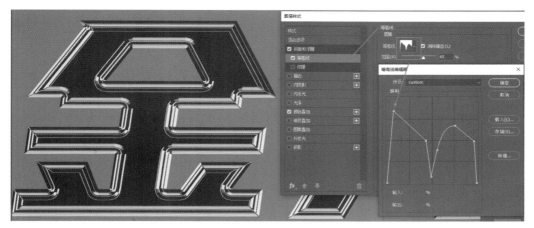

图 5-18　"等高线"面板的具体设置

步骤 5　为"斜面和浮雕"样式增加纹理细节，打开图像素材"黄金表面纹理"，将该图像设置为图案，勾选"样式"面板中的"纹理"选项，将"纹理"图案指定为"黄金表面纹理"，将面板中的"缩放"设置为"150%"，"深度"设置为"-4%"，效果如图 5-19 所示。

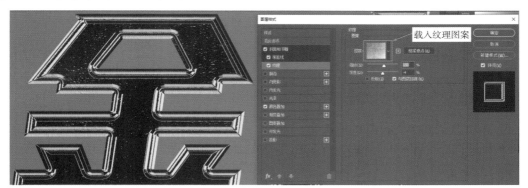

图 5-19　"纹理"面板的具体设置

步骤 6　为文字图层添加"光泽效果"，勾选"样式"面板中的"光泽"选项，将颜色调整为"黄色"（R255/G210/B0），"混合模式"设置为"滤色"，"不透明度"设置为"70%"，"角度"设置为"22°"，"距离"设置为"78像素"，"大小"设置为"43 像素"；在"等高线"形态窗口下拉选择名称为"环形 - 双"的等高线形态，如图 5-20 所示。

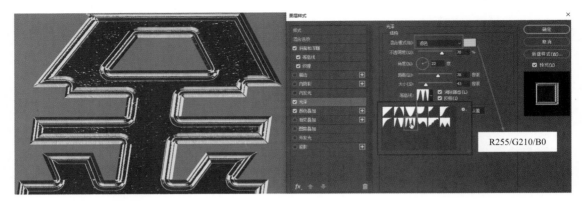

图 5-20 "光泽"面板的具体设置

步骤 7 为文字图层添加"投影效果"，勾选"样式"面板中的"投影"选项，将投影颜色调整为"暗黄色"（R19/G14/B0），"混合模式"设置为"正片叠底"，"不透明度"设置为"100%"；"角度"设置为"101°"，取消勾选"使用全局光"选项；"距离"设置为"15 像素"，"扩展"设置为"10%"，"大小"设置为"30 像素"，效果如图 5-21 所示。

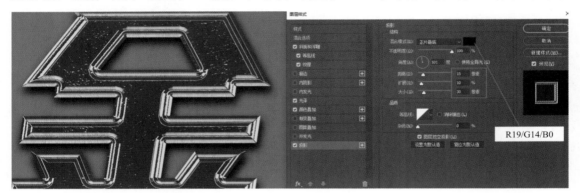

图 5-21 "投影"面板的具体设置

微课："黄金"字体效果案例解析

### ■ "青花瓷"字体效果案例解析

下面用一个较复杂的综合实例对图层样式的用法进行深入解析，该实例通过设置混合选项和调节内阴影、投影、外发光、内发光、斜面浮雕、图案叠加等参数虚拟出"青花瓷"的效果，如图 5-22 所示。

图 5-22 "青花瓷"字体效果案例展示

步骤 1　创建一个 1 890 像素 ×827 像素、150 像素 / 英寸的文件，为背景放置一张岩石素材的图像，在图像的中心位置创建一个"前景色（白色）到透明"的径向渐变，混合模式为"柔光"，如图 5-23 所示。

1. 创建文件；
2. 导入素材文件；
3. 绘制径向渐变，将混合模式设置为"柔光"

图 5-23　绘制图像背景效果

步骤 2　使用文字工具输入文字"PS CS6"，字点符大小设置为"170 点"，选择"黑体"字体（选择较粗笔画的字体），为了继续加粗字体笔画，载入文字选区（按住 Ctrl 键单击图层面板上的缩略图），执行"选择"→"修改"→"扩展"命令，在弹出的"扩展选区"对话框中将"扩展量"设置为"10 像素"，新建图层并填充前景色黑色（"Alt+Del"组合键），如图 5-24 所示。

1. 创建文字；
2. 扩展文字选区；
3. 新建图层并填充扩展后的选区

图 5-24　输入文字并扩展轮廓

步骤 3　为填充黑色的文字图层添加多个图层样式，样式面板中的具体参数如图 5-25 所示。

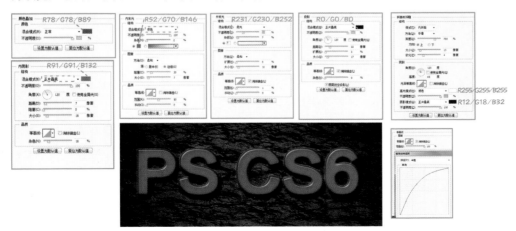

图 5-25　为文字添加基础样式效果

　　**步骤 4**　打开一张"青花瓷图案"的素材文件，选择"编辑"→"定义图案"命令，将素材文件定义为图案；继续载入填充了黑色文字的图层选区填充任意颜色，新建图层并将图层面板中的填充值设置为"0%"，如图 5-26 所示。

1. 定义图像素材为图案；
2. 新建图层，调整填充值为"0%"

图 5-26　定义图案并为文字添加样式

　　**步骤 5**　为新建的文字图层添加一个图层样式组，在"混合选项"面板中将"填充不透明度"设置为"0%"，其他样式面板中的具体参数如图 5-27 所示。

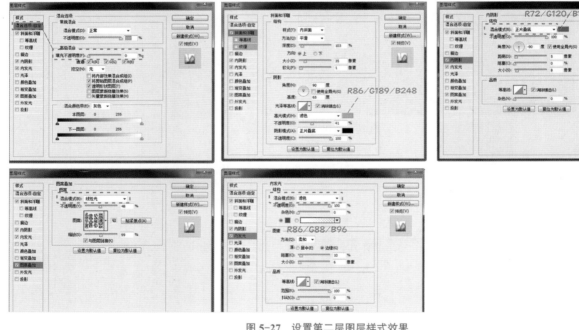

图 5-27　设置第二层图层样式效果

　　**步骤 6**　打开一张"破裂玻璃纹理"图案的素材文件（光盘素材－"2.4 练习"文件），选择"编辑"→"定义图案"命令，将素材文件定义为图案；继续载入文字图层的选区填充任意颜色并将图层面板中的填充值设置为"0%"；在"混合选项"面板中将"填充不透明度"设置为"0%"，在"图案叠加"面板为青花瓷表面添加一些裂痕，并根据效果为图层添加一个蒙版，将裂痕处用黑色画笔适当涂抹进行遮挡，效果如图 5-28 所示。

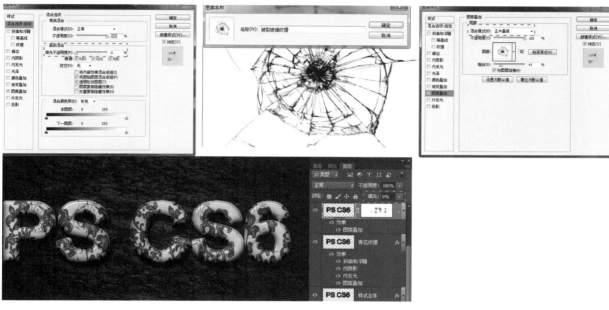

图 5-28　为图像添加 "碎裂" 效果

步骤 7　为了使青花瓷纹样的颜色在细节上产生一些变化，令部分青花瓷颜色较鲜艳，部分青花瓷颜色较暗淡。首先，添加一个 "自然饱和度·增加" 调整图层，提升整体图像的饱和度并用黑色填充蒙版，使用白色画笔涂抹文字上的青花纹样，随机提升纹样的饱和度；然后，添加一个 "自然饱和度·降低" 调整图层，降低整体图像的饱和度并用黑色填充蒙版，使用白色画笔涂抹文字上的青花瓷纹样，随机降低纹样的饱和度，效果如图 5-29 所示。

图 5-29　完善图像颜色的细节

步骤 8　为文字的背景添加一些深色，使用画笔工具（硬度 20%，不透明度 50%）在文字的阴影处描绘一些深色，将混合模式设置为 "正片叠底"，"不透明度" 设置为 "75%"；新建图层填充黑色并将其 "转换为智能对象"，选择 "滤镜" → "渲染" → "镜头光晕" 命令，将混合模式设置为 "滤色"，"不透明度" 设置为 "55%"，使用蒙版遮挡一些镜头光晕的强度。完成全部操作，效果如图 5-30 所示。

使用"滤镜"→"渲染"→"镜头
光晕"命令选择"50~300毫米变焦"

图 5-30　继续优化图像的阴影效果

　　利用图层样式提供的 12 种效果可以设置出无限种特殊效果，面板设置中的参数并没有固定的用法，学习样式面板功能最有效的办法就是通过不断模仿，认真地理解每种效果的特性，可以通过网络下载一些样式效果的源文件，将文件中的样式逐一应用，认真观察里面的细微变化，然后模仿制作这些样式效果。除要弄懂每个参数对应的效果变化外，还需要深刻理解混合模式的重要性，尤其是"正片叠底""滤色""柔光""叠加"等几种常用的混合模式。

微课："青花瓷"
字体效果案例解
析（1）

微课："青花瓷"
字体效果案例解
析（2）

微课："青花瓷"
字体效果案例解
析（3）

项目 **6**

PROJECT 6

# 锤炼技能——成为图像修复的能工巧匠

## 项目导读

    伴随着科技的高速发展，在日常工作或生活中我们可能已经不再去冲印黑白照片。但是，如果能够掌握一些修复图像的技巧，并利用所学的图像后期处理技术去再现长辈们逝去的青春，从褪色的照片中帮助他们找回那些美好的回忆，这将是一件特别有意义的事情。老旧照片往往会出现变色、水渍、脏污与折损，要修饰这些图像上的缺陷问题往往比较复杂，这就需要我们具备基本的色调调整、图像选择、合成修饰的能力。

## 学习目标

    1.知识目标：了解黑白色调调整、图像合成、修饰工作的基本方法和相关知识点。

    2.技能目标：能够利用多种方式较准确地完成图像的选择，能够修复图像的色调关系，能够根据图像修复的任务需求熟练应用软件修复图像。

    3.素养目标：能够养成良好的文件命名习惯和操作规范，以及应用美学相关知识阐述图像修复的基本理念。

# 6.1 老旧照片修饰的注意事项

如果需要对一些老旧照片进行修饰，首先将这些照片变成数字化的图像，与那些光鲜、平整的数码照片相比，这些照片多数已经变色，或存在脏污与缺失的现象。那么，在开始修复工作之前，需要先了解一些数码影像的基础知识，并事先做好规划。

## ■ 图像明暗对比度的调整

在 Photoshop 的主菜单"图像"命令中有一个十分重要的子菜单选项——"调整"菜单。它是图像后期优化与艺术效果营造的一个核心菜单组，该菜单中包括五个大的命令群组，即明暗关系调整命令群、颜色与色调关系调整命令群、特殊效果调整命令群、全局色调关系调整命令群及自动计算调整命令群，如图 6-1 所示。在控制图像明暗效果时通常会使用"明暗关系调整命令群"，该命令群包括以下几个命令。

明暗关系调整命令群
可以直观地调整图像的明暗层次与图像光影关系

颜色与色调关系调整命令群
调整图像整体色调、控制特殊颜色或整个色域的变化

特殊效果调整命令群
图像能够形成某些特殊艺术效果

全局色调关系调整命令群
利用固定预设获得层次细腻、风格鲜明的色彩效果

自动计算调整命令群
利用图像呈现的规律，对目标图像进行风格化处理

图 6-1 "调整"菜单面板简介

### 1. 亮度/对比度

使用"亮度/对比度"命令可以直观地调整图像的明暗层次关系，为照顾用户群体的习惯，在命令面板中设置了"使用旧版"选项，经过对比发现此选项类似对调整的结果做"相对"和"绝对"的变化，如果当前调整幅度最大化时效果依然不鲜明，可以勾选"使用旧版"选项。"亮度/对比度"命令面板如图 6-2 所示。

图 6-2 "亮度/对比度"命令面板简介

## 2. 色阶

色阶（"Ctrl+L"组合键）即用直方图描述出当前图片的所有明暗信息，明白了直方图就基本了解了色阶的功能。"色阶"命令界面如图 6-3 所示。

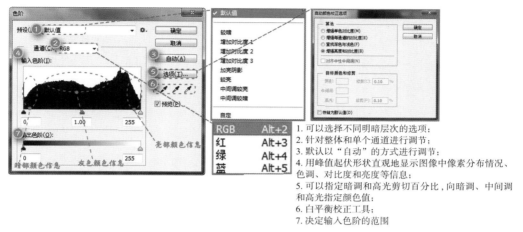

图 6-3　"色阶"命令面板简介

直方图即由 RGB 三个通道颜色组合而成的峰值形状图。直方图的左侧显示的是图像的阴影部分（暗调），中间显示的是图像的中间调（灰调），右侧显示的是图像中的高光部分（亮调）。那么到底该如何读懂直方图呢？试试对图 6-4 做一个判断吧！

（a）　　　　　　　　　（b）　　　　　　　　　（c）

尝试为下面的直方图选出与之对应的图片，并想想为什么是这样的答案？

（　）　　　　　　　（　）　　　　　　　（　）

图 6-4　如何读懂直方图

直方图最左侧区域峰值的高低由照片中最暗像素的多少决定，同理，照片中最亮像素的多少决定了最右侧区域峰值的高低，中间区域的峰值则由大量的灰色像素信息所决定。整个峰值图形直观地显示了照片上的像素分布情况、色调、对比度和亮度等信息。明白了这个道理就可以很容易地判断出图 6-4 中的 3 个直方图分别对应的是哪幅图像了。因此，如果直方图的峰值布局不均衡，又并非为了呈现某种艺术效果，就可以判断该图像明暗对比层次需要调整。

修改直方图的信息其实就是调整相机在拍照时所记录在照片上的亮度范围，该亮度范围被换算为 0~255 共 256 个亮度等级，它们分别控制直方图上的峰值高度与位置，在"色阶"面板中常通过滑动"输入色阶"下面黑色、灰色、白色的三个游标来调整图像的明暗层次关系，左端的游标越靠右画面越暗，右端的游标越靠左画面越亮，中间的灰色游标向左则变亮，向右则变暗。"输入色阶"与"输出色阶"呈映射关系，决定图像的整体明暗状态，很少使用输出色阶调节图像。需要注意的一点，较大范围地调整图像亮度范围的差值，就会在直方图上出现断层现象，比如：调整后图像的最暗值由 0 被定义为 35，最亮值由 255 被定义为 220，那么其结果就是 256（0~255）个亮度等级被修改成了 186（35~220）个亮度等级，这说明图像中那些与之对应的信息被其他亮度等级替换了，而原有的信息就丢失了，所以建议用色阶对图像明暗关系做调整时幅度尽量小一些。但是，当面对褪色比较严重的图像时，使用"色阶"命令将是一个十分有效的方法，如图 6-5 所示。

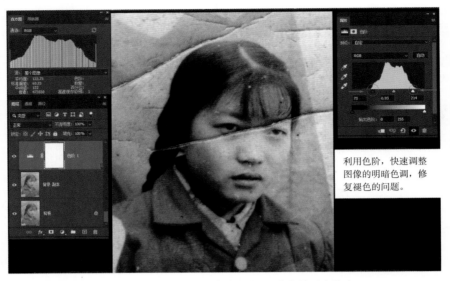

利用色阶，快速调整图像的明暗色调，修复褪色的问题。

图 6-5　利用"色阶"命令快速建立图像新的明暗关系

值得一提的还有"色阶"命令中用来确定图像黑白场的"吸管工具"，其是通道获取选区时的常用手段，可以很快地剔除图像中那些干扰的灰色信息，它也是该工具最闪光之处。

3. 曲线

使用"曲线"（"Ctrl+M"组合键）命令可以调节全局或单色通道的对比，也可以调节任意局部的亮度和颜色。它将图像信息范围划分成许多方格，调整映射在这些方格上曲线的振幅形态可以加强或减弱明暗和颜色对比的层次关系，在功能上与"色阶"十分相似。"曲线"命令界面如图 6-6 所示。

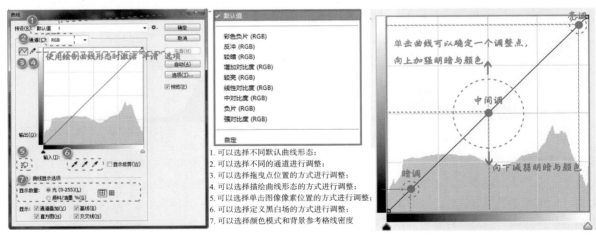

1. 可以选择不同默认曲线形态；
2. 可以选择不同的通道进行调整；
3. 可以选择拖曳点位置的方式进行调整；
4. 可以选择描绘曲线形态的方式进行调整；
5. 可以选择单击图像像素位置的方式进行调整；
6. 可以选择定义黑白场的方式进行调整；
7. 可以选择颜色模式和背景参考格线密度

图 6-6　"曲线"命令面板简介

由于曲线反映图像的亮度值，每一个像素都对应一个坐标位置，观察图 6-6 中的曲线形态面板，垂直的灰度条代表了调整后的图像色调。在未作任何改变时，输入和输出的色调值是相等的，因此曲线的默认状态是 45°的直线。但当对曲线上的任一点做出改变后，相对应的同等亮度的像素也会发生改变。单击确立一个调节点，这个点可被拖移到网格内的任意范围，向上加强、向下减弱。如果亮度值改变振幅过大，会出现十分强烈的效果；缓慢逐步地调整曲线上点的起伏位置和通过定位的方式来精确修改点的位置都能够使调整结果变得柔和。总之，大多数情况下，都需要十分轻微地调整曲线形态。

**4. 曝光度**

"曝光度"命令的原理是模拟数码相机内部的曝光程序对照片进行二次曝光处理，一般用于调整相机拍摄的曝光不足或曝光过度的照片。此命令对严重过曝（Camera Raw 也无法优化出较好的结果）和严重欠曝照片的作用并不理想，对于曝光值误差在正负 2 挡之间的图像，可以有较好的优化结果。"曝光度"命令面板如图 6-7 所示。

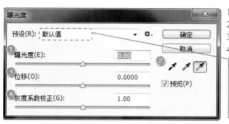

1. 正值增加图像曝光度，负值则降低图像曝光度；
2. 用图像中的像素亮度精确定义曝光调节数值；
3. 调整图像的阴影，对图像的高光区域影响较小；
4. 调整图像的中间调，对图像的阴影和高光区域影响小。

图 6-7　"曝光度"命令面板简介

在"曝光度"下方拖动滑块或输入相应数值可以调整图像的整体明暗。当数值过大时会出现许多噪点，正值增加图像曝光度，负值则降低图像曝光度。设置"位移"选项用于调整图像的阴影，对图像的高光区域影响较小；"灰度系数校正"选项用于调整图像的中间调，对图像的阴影和高光区域影响较小。往往调校的照片都存在局部曝光不准的问题，这时最好选用"调整图层"上的"曝光度"命令，可以利用蒙版精确控制需要调整的区域。

## ■ 图像细节的修复

恢复图像的明暗层次只是修饰老旧照片的第一步，对于老旧照片上存在的破损、折痕、霉点等问题，就需要使用多种图像细节的修饰工具，它也是解决以上问题的关键一环。结合前面讲解的内容，接下来将继续为读者解析"图像修饰工具组"中重点用来修饰图像细节的常用工具，这些工具都具有强大的图像处理能力，它们在处理不同的图像瑕疵问题时各有千秋。

**1. 污点修复画笔工具**

污点修复画笔工具可以快速清除图像中的污点和其他不理想部分，可以自动从瑕疵图像的周边图像中获取相似像素来替换污点。此工具较智能，主要针对图像中较小面积的瑕疵，直接对目标点选，该工具会智能取样然后进行修复，使用时应注意智能取样的类型，Photoshop CS5 以上版本建议选用"内容识别"，其他版本可使用"近似匹配"，如图 6-8 所示。

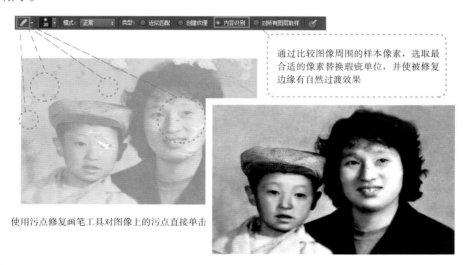

通过比较图像周围的样本像素，选取最合适的像素替换瑕疵单位，并使被修复边缘有自然过渡效果

使用污点修复画笔工具对图像上的污点直接单击

图 6-8　污点修复画笔工具简介

**2. 修复画笔工具**

修复画笔工具同样可以快速清除图像中的污点和其他缺陷部分，处理结果与污点修复画笔工具十分相似，主要针对一些小范围的瑕疵使用，使用时必须先按住 Alt 键在图像上选取准备用来替换缺陷区域的颜色，使用时建议新建图层，并勾选"当前和下方图层取样"选项，如图 6-9 所示。

按住 Alt 键在图像上选取准备用来替换缺陷区域的颜色

图 6-9　修复画笔工具简介

**3. 修补工具**

修补工具主要针对大面积的瑕疵使用，圈选需要修饰的区域移动到被借用来替换的图像上，图像会自动计算各像素的明度、色相关系，以较柔和的结果替换原始图像。使用时需要注意加减选的应用和取样的区别："源"代表圈选图像被目标图像替换；"目标"代表用圈选的图像替换目标，如图 6-10 所示。

用圈选的图像替换目标

图 6-10　修补工具简介

**4. 内容感知移动工具**

内容感知移动工具不仅可以移动圈选图像到任意位置，图像移动后的空隙能够被自动生成的像素填补，还可以任意复制圈选的图像。"移动"选项代表可以任意移动主体的位置，"扩展"选项代表能够复制主体到图像的任意位置，"适应"选项中的各项类似选区中的羽化效果，能够控制边缘的融合度，如图 6-11 所示。

**5. 仿制图章工具**

前面所用到的 4 个工具在进行图像的修复时都有一个共同特点——替换的颜色都能够较柔和地融合到图像中，而仿制图章工具对图像的处理是基于使用已有的图像去重建涂抹的图像区域，类似一种特殊的复制画笔。复制出的图像边缘不会呈现自动融合的效果，如果要使得到的结果有柔和感，可以调节笔刷的"软硬度"及设定"不透明度"的参数，如图 6-12 所示。

图 6-11　内容感知移动工具简介

配合"放大"与"抓手"工具根据不同的区域设置不同的图章画笔属性

图 6-12　仿制图章工具简介

# 6.2　课中测：修饰工具基础知识小测验

图像的修饰与美化是 Photoshop 软件最令人称奇的一个模块，只有将各类图像修饰工具融会贯通才能掌握化腐朽为神奇的核心技能。

"1+X"数字影像处理职业技能等级认证考试模拟题

# 6.3 实训任务

## ■ 修复一张老旧照片

老旧照片上常常会存在大量的污渍与瑕疵，同时也存在褪色较严重的现象，甚至会有一定程度的损毁。综合应用 Photoshop 工具箱中的"图像修饰工具组"和一些图像合成技巧就能够解决这些难题，如图 6-13 所示。

图 6-13 老旧的照片修复实例效果展示

### 1. 加强对比

步骤 1 使用图层面板中的"色阶"调整图层对褪色照片进行校正，滑动面板中的黑、白游标到合适的位置，增强照片的黑白对比度，如图 6-14 所示。

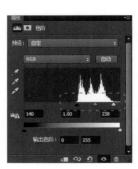

图 6-14 使用"色阶"调整图层增强照片的黑白对比度

步骤 2 使用图层面板中的"曲线"调整图层对照片的明暗关系进行的调整，分别为照片创建两个曲线调整图层，曲线 1 向下加强暗部，为蒙版层填充黑色（或者反相"Ctrl+I"组合键），使用画笔（调整硬度为 0~35，笔刷大小为 25~200）为需要加强的区域涂抹白色；曲线 2 向上加强亮面，方法与曲线 1 相同，如图 6-15 所示。

图 6-15 使用"曲线"调整图层增强照片的黑白对比度

**2. 修补残缺**

步骤 3　向上合并图层，使用钢笔工具抠选出照片中小孩左脸从鼻梁到眉骨的轮廓，转换为选区后将羽化半径设置为 25 像素，复制（"Ctrl+J"组合键）并选择"自由变换"→"水平翻转"命令，借用左边的图像修复右边缺失的区域，为修补的图像添加蒙版，使用黑色画笔适当涂抹边缘，让修补的图像更加自然，如图 6-16 所示。

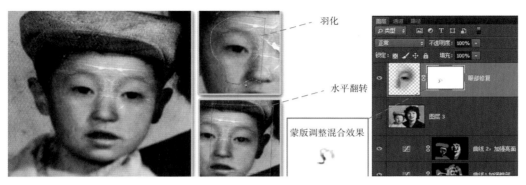

图 6-16　抠选出照片中的图像元素修补缺失图像

步骤 4　使用仿制图章工具修复人物脸上的划痕与照片中左侧和上方缺失的区域，取样修复时新建图层，将图章笔刷硬度设置为 0~30，不透明度设置为 35%~60%，笔刷大小设置为 20~200，修改取样范围为"当前和下方图层"，对该层创建蒙版图层，对生硬的区域用画笔柔和地遮挡混合，此步骤应配合放大与抓手工具根据不同的区域设置不同的画笔属性十分细致地进行处理，如图 6-17 所示。

图 6-17　使用仿制图章工具修复人物脸上的划痕及缺失图像

步骤 5　仔细观察发现右侧人物颈部缺失的图像修复不够自然，使用步骤 3 的方法复制左边区域，使用"自由变换"命令将其调整到合适的位置上并添加蒙版遮挡一些边缘，因为复制的区域处于暗面，还需要进一步提亮，为复制的区域创建一个"曲线调整图层"，使用画笔对生硬的区域自然涂抹，达到柔和的混合效果，如图 6-18 所示。

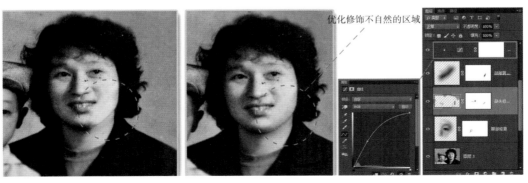

图 6-18　创建一个"曲线调整图层"微调图像细节

**3. 去除杂色与颜色校正**

步骤 6　向上合并图层，使用污点修复画笔工具和修补工具对明显污渍和杂点进行修饰，配合放大与抓手工具细致处理所有的瑕疵。新建图层并填充 RGB=128 的中性灰色，设置混合模式为"颜色"能够较好地去除黑白照片中的偏色现象。再创建一个"亮度 / 对比度调整图层"加强照片的黑白关系，如图 6-19 所示。

图 6-19　去除杂色与颜色校正

**4. 细节优化**

步骤 7　向上合并可见图层，使用"滤镜"→"模糊"→"高斯模糊"命令，设置参数为 7，使照片中的黑白颜色更加柔和，从而去除人物脸上细小的杂点像素，再为图层添加一个蒙版，填充黑色将人物脸部区域涂抹出来，向上合并可见图层，如图 6-20 所示。

高斯模糊前存在明显杂点　　　　　　　高斯模糊并添加蒙版去除了脸部的杂点

图 6-20　使用"滤镜"→"模糊"→"高斯模糊"命令优化细节

步骤 8　向上合并可见图层，使用"滤镜"→"其他"→"高反差保留"命令，设置参数为 3，修改图层混合模式为"柔光"，再为图层添加一个蒙版，填充黑色将人物的五官区域和人物的衣服纹理仔细地描画出来；继续向上合并图层，选择"图像"→"画布大小"命令为照片背景的高、宽各增加 1 厘米，为背景填充白色给照片制作一个边框，完成全部修复任务，如图 6-21 所示。

图 6-21　为图像创建锐化及边框

微课：修复褪色并重建旧照片的明暗关系

微课：修复缺失图像、去除瑕疵与划痕

微课：去除背景中的杂点、调整黑白效果

■ 拓展练习

微课：拓展实例——人物五官修复（1）

微课：拓展实例——人物五官修复（2）

微课：拓展实例——人物五官修复（3）

微课：拓展实例——人物五官修复（4）

微课：拓展实例——人物五官修复（5）

# 秘境探寻——在色彩缤纷的世界自由翱翔

## 项目导读

　　伴随着数字影像技术的不断发展，摄影已经成为人们生活中密不可分的一项技能，优秀的影像设备已经被众多厂商集成到了手机中。但是，好的设备并不一定能够带来好的图像。如果能够掌握一些必备的数码影像处理技能，就可以帮助人们在生活和工作中更出彩，尤其在面对图像构图有缺陷、图像色彩不饱和、环境影响图像偏色等问题时，调色和后期处理技巧就成了挽救美好瞬间的一大利器。图像的色彩调整技巧也是 Photoshop 中核心的技能之一，Photoshop 强大的色彩调整功能可以快速修正照片色调、增强对比效果、还原真实照片色彩、快速调整影调、灵活改变色彩、创建出色的风景画、创造出多种艺术效果。为确保读者在进行图像后期调整时做到高效、精确，了解基本的调整命令和色彩理论知识，掌握一些色调设置的操作方法就显得非常必要。

## 学习目标

　　1. 知识目标：掌握 Bridge 文件浏览器的特点，了解 RAW 格式的优势、使用 Camera Raw 的优点、图像调整的基本准则、图像调整命令的基本功能。

　　2. 技能目标：能够有效管理各种素材文件，能够使用 Camera Raw 进行图像的前期优化，能够综合使用图像调整命令完成后期处理任务，能够应用调整图层和蒙版灵活调整图像局部和细节，能够高效率地筛选素材文件。

　　3. 素养目标：具有一定的审美素养，能够遵循一定的审美法则并通过光影与色调关系的营造达到符合审美标准的艺术效果。

# 7.1　与图像颜色调整相关的基础知识

Photoshop 中"图像"→"调整"菜单下的图像调整命令很多，包括亮度/对比度、色阶、曲线、曝光度等 22 个命令，这些命令可以概括为五个大的命令群组，其中三个常用的命令群组可以在图层面板中的"创建新的填充或调整图层"按钮中找到（图 7-1），在实践应用中常常通过建立调整图层来应用这三个常用的命令群组。

明暗关系调整命令群
可以直观地调整图像的明暗层次与图像光影关系

颜色与色调关系调整命令群
调整图像整体色调，控制特殊颜色或整个色域的变化

特殊效果调整命令群
图像能够形成某些特殊艺术效果

全局色调关系调整命令群
利用固定预设获得层次细腻、风格鲜明的色彩效果

自动计算调整命令群
利用图像呈现的规律，对目标图像进行风格化处理

图 7-1　与图像颜色调整相关的菜单面板简介

## ■ 菜单栏中的颜色调整命令

Photoshop "调整"菜单是图像后期优化与艺术效果营造的一个核心菜单组，该菜单中包括五个大的命令群组，其中的"明暗关系调整命令群"在 6.1 节中已经详细讲解了，这里将继续讲解其他四个命令群组的基本功能。

**1. 颜色与色调关系调整命令群**

（1）自然饱和度。"自然饱和度"命令的功能和"色相/饱和度"命令中调控颜色鲜艳度的部分功能类似，如图 7-2 所示，它们都可以使图像颜色更加鲜艳或暗淡，但前者效果更加细腻，它能够处理图像中不够饱和的部分和忽略足够饱和的颜色，也能够自动保护图像中已饱和的部位，只对其做一定范围内的调整，而着重调整不饱和的部位；后者以线性加强的方式逐级提升颜色的鲜艳度，对全局加强，过强的参数会出现颜色溢出的现象。当对图像饱和度进行加强时建议使用"自然饱和度"命令。

最大值时图像颜色依然比较自然　　　　　　　最大值时图像颜色会溢出

图 7-2　"自然饱和度"命令面板简介

（2）色相/饱和度。"色相/饱和度"（"Ctrl+U"组合键）命令可以调整整个图像或图像中某个颜色的色相、饱和度和亮度。"色相/饱和度"命令面板如图7-3所示。除改变图像颜色、亮度和鲜艳度外，这个命令还可以通过给像素指定新的色相和饱和度实现对灰度图像上色彩的功能。执行"图像"→"调整"→"色相/饱和度"菜单命令打开"色相/饱和度"对话框，拖动色相（范围-180~180）、饱和度（范围-100~100）和明度（范围-100~100）滑杆上的滑块或在文本框中键入数值，分别可以控制图像的色相、饱和度及明度。但此前要在"编辑"列表框中选择"全图"选项，才能对图像中所有像素起作用。若选中"全图"以外的选项，则色彩变化只对当前选中的颜色起作用（如选择"红色"，只对图像中红色像素起作用）。对于色相，输入一个值或拖移滑块，可以出现需要的颜色；对于饱和度，滑杆向右为增加饱和度，向左为减少饱和度；对于明度，滑杆向右为增加明度，向左为减少明度。在很多情况下，会觉得图像色彩不够理想，通过这一命令的调节使色彩更为饱和、艳丽的同时，还要注意防止走向极端，即色彩过于饱和，以致失真显假。与增加色彩饱和度相反的做法是使彩色图像只保留一至两种颜色效果。通过降低某种颜色的饱和度可以保留剩余颜色不变。

使用该命令能够很方便地为图像中某一特定区域变更颜色，在实践应用中常常只对单一颜色或吸管指定的颜色区间设置"色相"参数的变化。该命令的功能可以看成是"减淡、加深及海绵"工具的综合体。

图 7-3　"色相/饱和度"命令面板简介

（3）色彩平衡。"色彩平衡"（"Ctrl+B"组合键）命令主要用于调整整个图像的色彩平衡，如果图像出现色彩混乱，也可以通过此命令进行解决。虽然使用"曲线"命令分别控制不同颜色通道也可以实现此功能，但该命令使用起来更方便、直观与快捷，确定哪种色彩调整方式取决于图像和想要的效果。"色彩平衡"命令的运算法则是建立在颜色互补的概念之上的，除此之外"可选颜色"命令、"通道混合器"命令都是建立在颜色互补调节的基础之上。了解了"互补"的概念就可以帮助人们理解如何平衡色彩之间的增与减。"互补色"的概念如图7-4所示。

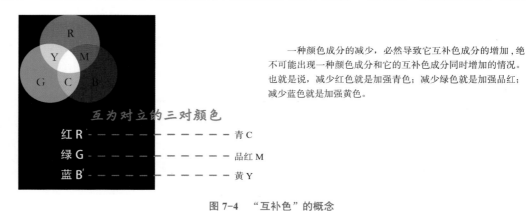

一种颜色成分的减少，必然导致它互补色成分的增加，绝不可能出现一种颜色成分和它的互补色成分同时增加的情况。也就是说，减少红色就是加强青色；减少绿色就是加强品红；减少蓝色就是加强黄色。

图 7-4　"互补色"的概念

要进一步了解色彩平衡的原理还需要知道这6种颜色之间的关系，如图7-5所示。

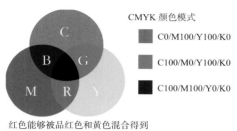

CMYK 颜色模式

C0/M100/Y100/K0

C100/M0/Y100/K0

C100/M100/Y0/K0

红色能够被品红色和黄色混合得到
绿色能够被青色和黄色混合得到
蓝色能够被青色和品红色混合得到

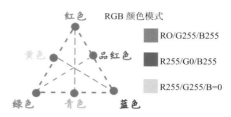

RGB 颜色模式

RO/G255/B255

R255/G0/B255

R255/G255/B=0

青色能够被绿色和蓝色叠加后得到
品红色能够被红色和蓝色叠加后得到
黄色能够被红色和绿色叠加后得到

图 7-5　六种颜色之间的关系图

互补色之间的平衡关系还可以衍生为四个颜色之间的关系，例如：加强品红色与黄色就是（它们是红色的基础色，加强了它们也就能加强红色）减弱了青色，其他原理可以以此类推。"色彩平衡"命令提供一般化的色彩校正，使彩色图像改变颜色的混合，执行"图像"→"调整"→"色彩平衡"命令或按"Ctrl+B"组合键，即可弹出"色彩平衡"对话框，在该对话框中就可以控制色彩平衡（图 7-6）。在"色彩平衡"对话框中，最主要的选项是色彩平衡选项组，在"色彩"右边的 3 个文本框分别对应其下面 3 个滑块，调整滑块或文本框中键入数值可以控制相应的色彩变化，3 个滑杆的变化范围都为 −100~100。将三角形标记拖离影像中要减少的颜色，或拖向影像中要增加的颜色，滑块越往左端图像中的颜色越接近 CMYK 颜色，越往右端图像中的颜色越趋于 RGB 色彩，3 个选项均为 0 时图像色彩不变化。对话框下面"色调平衡"栏中有"阴影""中间调"和"高光"3 个选项，选中某一选项就是选取要着重进行更改的色调范围，使用"色彩平衡"命令可以更改图像的总体颜色混合，并且在阴影区、中间调区和高光区通过控制 6 个单色的强弱成分来平衡图像的色彩，在混合图像的实例中常常使用该命令调整环境色，为融合后的图层调整出与周围环境一致的色调。"色彩平衡"命令面板如图 7-6 所示。

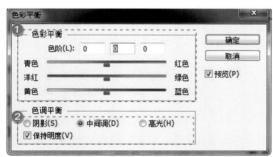

1. 用来调控色彩平衡关系的 6 个单色选项，相互之间存在内在联系；

2. 可以分别调控图像的亮光、中间调、阴影的色彩关系，勾选"保持明度"选项可以防止图像的亮度值随着颜色的更改而改变

图 7-6　"色彩平衡"命令面板

（4）黑白。"黑白"（"Alt+Shift+Ctrl+B"组合键）命令能够将图像中的颜色信息去除，使图像以灰色或单色显示，并且可以根据图像中的颜色强度调整图像的明暗层次。在 Photoshop CS6 中有多种方式能够得到图像的黑白效果，该命令通过对 6 种颜色的明暗度调整得到较丰富的黑白层次关系。如果要获得一幅黑白层次细腻的艺术照，应该首选此命令，而且它还可以为图像应用某种单一色调形成特殊的单色调效果。"黑白"命令面板如图 7-7 所示。

1. 选择不同的黑白色调配比模式；

2. 调节颜色转换成黑白后的明暗层次；

3. 为黑白图像罩上一层单色调，该色调可以选择不同的色相与饱和度

图 7-7　"黑白"命令面板

（5）照片滤镜。"照片滤镜"命令如同在摄影时为照相机镜头添加了一个额外的滤色镜片，不同的滤色镜片能够为图像添加不同的色调倾向，在实例应用中该命令常出现在为最终混合完成的图像统一出一种较为整体的色调关系。"照片滤镜"命令面板如图 7-8 所示。

图 7-8　"照片滤镜"命令面板

（6）通道混合器。"通道混合器"命令是针对图像单独颜色通道的一个调整工具，只在图像色彩模式为 RGB、CMYK 时才起作用，在图像色彩模式为 Lab 或其他模式时，不能进行操作。"通道混合器"命令面板如图 7-9 所示。

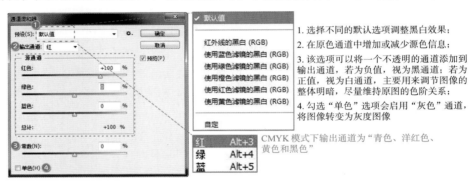

图 7-9　"通道混合器"命令面板

在该对话框内有一个"输出通道"选项，它就是当前需要调整的通道，RGB 模式的图像可以选择红、绿、蓝三个通道；CMYK 模式下可以选择青、洋红、黄和黑四个通道。例如，如果选择红色通道作为输出通道，那么该通道的红色滑块将自动设置为 100%，并将绿色和蓝色的滑块设置为 0%。如果此时将红色源通道中的红色滑块数值设置为 0%，图像色彩就会发生变化，如图 7-10 所示。

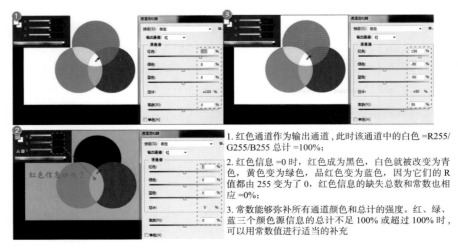

图 7-10　"输出通道"的简介

此时图像中的红色变成了黑色，黄色和品红色都消失了，因为通道中纯绿色和纯蓝色中不含红色信息，R 值都为 0，所以它们没有发生变化，但是，包含红色信息的黄色和品红色及白色都被去除了；如果继续将红通道中的红色滑块移动到 150%，绿色和蓝色的滑块都移动到 −50%，常数添加为 50%，这时画面的效果又恢复成了原来的样子，它们的数值又重新恢复到一种平衡的关系，并且不难发现"常数"能够弥补所有通道颜色强度和"总计"的强度。因此，当红、绿、蓝三个颜色源信息的"总计"不足 100% 或超过 100% 时，可以用"常数"值进行适当的补充，从而减小颜色调整后的偏差。这就是通道混合颜色的一些基本原理，刚开始使用时难免会有些不知所措，但经过一些实例的应用后肯定会有一些新的收获，对它的深入理解还需要在实际中多体会。

（7）颜色查找。"颜色查找"命令是一种利用预设风格色调调整颜色关系的命令，它的功能与当前众多智能手机里的"美图应用"App 相似，能够通过调用"3DLUT"文件默认选项、"摘要配置"文件默认选项和"设备链接配置"文件默认选项这三类菜单中的 32 种默认艺术风格瞬间为图像创建出极具艺术个性的色调效果，有时也能够通过这些默认风格的色调为图像后期调色找寻一些创意的灵感。"颜色查找"命令及默认风格缩略图如图 7-11、图 7-12 所示。

图 7-11　"颜色查找"命令面板简介

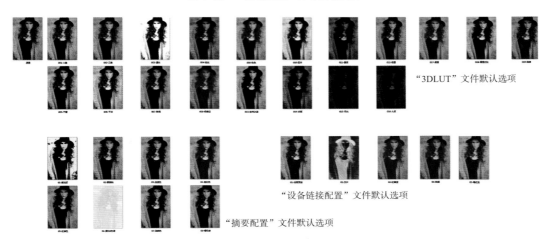

图 7-12　"颜色查找"的各种风格

微课：图像调整菜
单简介（1）

**2. 特殊效果调整命令群**

（1）反相。使用"反相"（"Ctrl+I"组合键）命令可以将图像中的颜色和亮度全部翻转，转换为 256 级中相反的信息值，常用来制作一些反转效果。例如：红色转变为青色、绿色转变为品红色、蓝色转变为黄色。在通道抠图时，因为黑色比较好观察，经常将需要抠选的区域填充成黑色，再利用"反相"命令调整为白色（因为通道中的白色代表"该区域为可见区域"），可以提高通道抠选图像的效率。利用好"反相"命令，往往是十分重要的一个技巧，如图 7-13 所示。

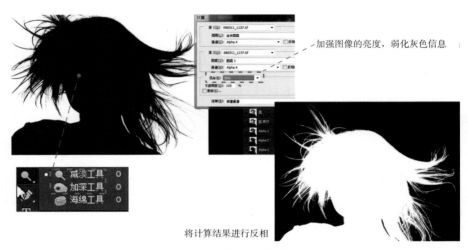

加强图像的亮度，弱化灰色信息

将计算结果进行反相

图 7-13　利用"反相"命令获得复杂选区

（2）色调分离。"色调分离"命令属于特殊色调控制命令中的一种，它的作用是指定图像中每个通道的色调级别（或亮度值）的数量，并将这些像素信息归纳在不同等级的色调值上。色调范围为2~255，色阶值越小图像色调变化越剧烈，色阶值越大图像色调变化越轻微。在图像中制作特殊效果如制作大的单调区域时，此命令非常有用。在减少灰度图像中的灰色色阶数时，其效果尤为明显。如果将分离的色阶值设置为2个色调，那么最终图像只能产生6种颜色，即两个红色、两个绿色和两个蓝色。此方法常被用来制作图像的版画艺术效果。"色调分离"命令面板如图7-14所示。

（3）阈值。"阈值"命令可以将彩色图像或灰度图像转换为高对比度的黑白图像，当指定某个色阶作为阈值时，所有比阈值暗的像素都转换为黑色，而所有比阈值亮的像素都转换为白色。配合使用滤镜中的"其他"→"高反差保留"命令，可以很方便地将图像转换为线描的效果，如图 7-15 所示。

图 7-14　"色调分离"命令面板简介

配合滤镜中的"其他"→"高反差保留"命令，可以很方便地将图像转换为线描的效果

图 7-15　"阈值"命令面板简介

（4）渐变映射。"渐变映射"命令可以将图像转换为灰度，再用设定的渐变色阶替换图像中的各级灰度信息值。如果指定双色渐变填充，渐变色阶上有一端的颜色会替换图像中的暗部色调，亮部色调则会被另一端的颜色替换，而图像的中间调会被渐变色阶中间的过渡色所替换，这种图像风格在表现具有文艺风的人物肖像、产品包装和插图时比较常见。"渐变映射"命令面板如图 7-16 所示。

1. 渐变预设面板；
2. 勾选后可使渐变效果更加平滑；
3. 调换渐变预设的映射位置

图 7-16　"渐变映射"命令面板简介

（5）可选颜色。"可选颜色"命令多被用于校正色彩不平衡问题和调整特殊风格颜色。它在图像中的每个加色和减色的原色成分中增加和减少印刷色的数量，可以有选择地修改任何原色中印刷色的数量，而不会影响任何其他原色。例如，可以显著减少图像绿色成分中的青色，同时保留蓝色成分中的青色。通过使用青色、洋红色、黄色和黑色四根滑杆，针对选定的颜色调整 C、M、Y、K 的比重来修正各色的色偏。从对话框顶部的"颜色"列表框中选取要调整的颜色，这组颜色由加色原色和减色原色与白色、中性色和黑色组成（图 7-17）。"可选颜色"命令能够不用获得选区就可以单独选择图像中的 9 种颜色（6 个源色和黑、白、灰）并对这些颜色进行针对性的修改，从而变化图像中某一区域的色调、色相和明暗层次，调整后得到的结果比较细腻并且调整的同时对其他颜色不产生影响。因此，它对图像单独调控的空间非常大，常被用来调整图像的局部色调关系和特殊艺术效果。

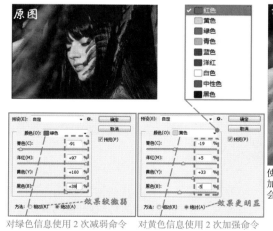

使用"可选颜色"命令对图像中的绿色信息多次减弱，并多次加强图像中的黄色信息。每次得到的调整结果都比较柔和且不会影响其他色调关系

对绿色信息使用 2 次减弱命令　对黄色信息使用 2 次加强命令

图 7-17　"可选颜色"命令面板简介

### 3. 全局色调关系调整命令群

（1）阴影 / 高光。"阴影 / 高光"命令可以修复图像中过亮或过暗的区域，从而使图像能尽量显示出更多的具有对比度的细节，它并不是简单地使图像直接变亮或变暗，而是根据阴影或高光像素信息中所包含的亮度等级进行提升或降低。它可以分别控制图像的暗部和亮部区域，既适合校正强逆光所导致的明暗对比十分强烈的剪影效果，也适合校正曝光过度导致图像整体发白的效果。在命令面板中阴影和高光都有各自的控制选项，默认值设置为修复具有逆光问题的图像。需要注意的是，"阴影 / 高光"命令会将调整直接应用于图像并会扔掉原有的图像信息，如希望进行非破坏性的图像编辑，建议在调整图层中使用该命令。"阴影 / 高光"命令面板如图 7-18 所示。

1. 阴影
   （1）色调宽度：控制阴影色调的修改范围。
   （2）半径：控制每个像素周围相邻像素的大小。
2. 高光
   （1）色调宽度：控制高光色调的修改范围。
   （2）半径：控制每个像素周围相邻像素的大小。
3. 调整
   （1）颜色校正：在图像的已更改区域中微调颜色。
   （2）中间调对比度：调整中间调像素信息的对比度。
   （3）修剪黑色（修剪白色）：值越大，生成的图像的对比度越大。

图 7-18 "阴影／高光"命令面板简介

（2）HDR 色调。HDR 是英文 High-Dynamic Range 的缩写，意为"高动态范围"。"HDR 色调"命令能够制作出高动态范围的图像效果。简单来说就是使照片无论高光还是阴影部分细节都很清晰，缩小光比，营造一种高光不过曝、暗调不欠曝的效果，调整风景图像时优化效果比较突出。"HDR 色调"命令面板如图 7-19 所示。

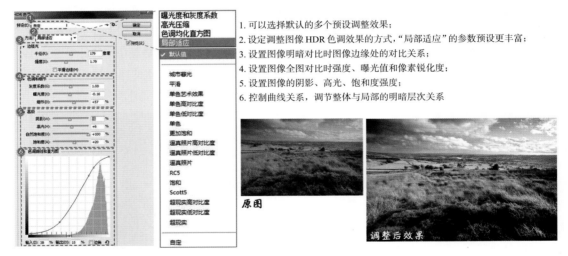

1. 可以选择默认的多个预设调整效果；
2. 设定调整图像 HDR 色调效果的方式，"局部适应"的参数预设更丰富；
3. 设置图像明暗对比时图像边缘处的对比关系；
4. 设置图像全图对比时强度、曝光值和像素锐化度；
5. 设置图像的阴影、高光、饱和度强度；
6. 控制曲线关系，调节整体与局部的明暗层次关系

图 7-19 "HDR 色调"命令面板简介

（3）变化。"变化"命令是 Photoshop 最早的图像全局色调调整命令之一，被 Adobe 公司一直保留于不断更新的版本中，它能通过显示调整效果的缩略图，单击不同的预览效果直接调整图像的色调倾向、饱和度和明暗关系，是图像色调调整中最直观也是最容易操作的一个命令界面，它生动形象地模拟了胶片洗印时的调整方式。"变化"命令的功能相当于"色彩平衡"命令加"色相／饱和度"命令的功能，对于不需要精确色彩调整的平均色调图像最有用。但是，"变化"命令也有一定的局限性，该命令调整起来无具体参数的限定，对用户的个人色彩经验和设配的颜色准确度有较高的要求。"变化"命令面板如图 7-20 所示。

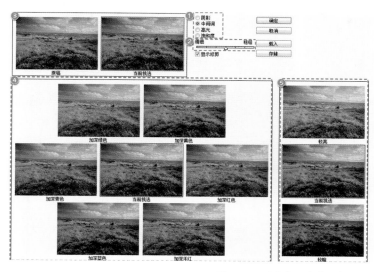

图 7-20 "变换"命令面板简介

1. 可以选择需要调整的色调层次与饱和度；

2. 调整效果的反馈强度，精细表示效果轻微，粗糙表示效果强烈；

3. 原图与当前调整效果的对比预览窗口，可以单击原图对不理想的地方进行调节操作；

4. 围绕 6 个源色信息进行色调平衡与增减；

5. 单击效果缩略图提亮或减低图像明暗

### 4. 自动计算调整命令群

（1）去色。"去色"（"Ctrl+Shift+U"组合键）命令能够将彩色图像中的颜色像素信息直接转换为对应的明度信息并以灰阶图像呈现，并不更改图像当前的颜色模式，如图 7-21 所示。大多数情况下颜色的明度信息决定了转换后的灰阶图像效果，但有时不同的色相、明度与饱和度的颜色去色计算时也会呈现相同的灰阶信息，因此，如果想要获得较好的黑白明暗层次的画面效果，应该尽量避免使用该命令。

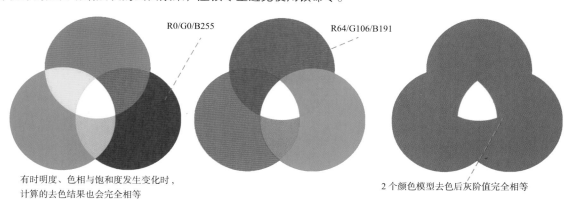

图 7-21 "去色"命令简介

（2）匹配颜色。"匹配颜色"命令可以将两个图像或图像中的两个图层的颜色和亮度进行匹配，使其颜色色调和亮度协调一致；其中，需要被调整修改的图像称为"目标图像"，而被用来采样的图像称为"源图像"。这种调色的方式简洁快速，利用一幅"大师"风格的图片作为"源图像"，也能够立刻具备较高级的光影关系与艺术色调，这种快速复制图像影像风格的行为，往往也是学习经典摄影作品的一种有效方式。在进行图像创意合成时，也常会利用环境图像去影响合成主体图像的光影色调，这时也可以考虑使用"匹配颜色"命令调整合成图像的色调倾向，这也是许多行业大家常常会使用的一个技巧。如图 7-22 所示，"被匹配图像"非常便捷地获得了"色调参考图"里的通透光影效果，大大增加了图像的艺术魅力。

图 7-22 "匹配颜色"命令面板简介

（3）替换颜色。"替换颜色"命令能够对图像的局部颜色随意替换，对 RGB 值相等的颜色信息使用"替换颜色"命令时得到的都是灰色，对有明确色相和过渡色较少的图像应用该命令时效果最佳，此命令常被用来替换产品外观和人物服饰的颜色。"替换颜色"命令面板如图 7-23 所示。

图 7-23 "替换颜色"命令面板简介

（4）色调均化。"色调均化"命令可以将图像的颜色和亮度进行平均分布，让过亮的像素信息和过暗的像素信息被平均值所替换并重新分布图像中像素的亮度值，最终使反差较大的图像看起来更加自然。"色调均化"命令是自动计算获得调整效果，因此也并非所有的图像都能通过色调均化获得很好的优化，观察图像调整后直方图的峰值形状就可以清楚地看出"色调均化"命令对图像做出的改变，如图 7-24 所示。

图像灰色调与暗调缺失部分信息　　　　均化后的像素信息填补了缺失的像素信息

微课：图像调整菜
单简介（2）

（a）　　　　　　　　　　　　　　　（b）

图 7-24　"色调均化"命令面板简介
（a）原图；（b）调整后效果

## ■ 调整图像效果的基本法则

了解了图像的基本调整命令，还必须知道如何去调整才是正确的。要真正做到强化图像的优点，优化图像的弱点，就必须掌握调整图像的一些基本法则。

将照片导入 Photoshop 中进行后期处理，不同的用途就会有不同的处理法则，用于影像的记录与交流展示往往只需要裁剪构图、对比度与颜色调校、去除瑕疵和色调调整；用于商业广告与艺术设计的后期处理相对比较复杂，除需要前面提到的步骤外还会涉及图像合成与创意概念相关的二次创作。

这里重点介绍第一种用途所遵循的基本调整法则。

**1. 裁剪构图**

照片的视觉冲击力首先来自构图，构图的方法很多，在进行图像后期裁剪时可以尽可能弥补前期的疏忽。对于风景照片可以通过上下的修剪来调整地平线的高度；对于人物照片可以通过横、竖幅的裁剪来突出人物主体；对于其他类型的照片可以根据主体的特点做相应的倾斜裁剪。

**2. 对比度与颜色调校**

明暗层次的对比与色彩校正对图像的展示与交流至关重要，尤其是对印刷和商业展示的图片来说还原图像的真实面貌也体现了商业上的一种诚信。通过白平衡校正、色彩平衡与观察直方图信息能够直观地判断出两者的关系是否合适。

**3. 去除瑕疵**

照片在拍摄时难免会存在一些主观与客观上的误差，图像的修饰工具群组中提供了多种消除瑕疵的途径。例如，使用仿制图章工具遮盖影响画面美观的物体；使用修复画笔工具修饰杂点与污渍。

**4. 色调调整**

对于需要营造某种艺术效果的照片来说，画面色调可能是极为重要的艺术语言，这就如同绘画风格一样，表现手法多样。在学习调色技能时应该轻视调整数据与参数，重视调整的原理。判断色调调整是否合适，需要积累较多的色彩经验和具备一定的审美能力，需要色彩构成理论与基本美术基础的支撑。

## ■ 如何在Bridge 中管理照片

Bridge 的字面含义是连接 Adobe 众多软件制作文件的一座桥，是文件无障碍中转的平台，其实质是一个文件快速查看器，可以十分方便地查找计算机及硬盘中的所有盘符中的文件，尤其对图片文件的管理有着十分强大的功能，能够以特定的图片属性筛选到某个文件，如照片的格式、名称、建立日期、光圈值、ISO 参数、焦距、快门速度等属性。在 Photoshop 软件中选择"文件"→"在 Bridge 中浏览"（"Ctrl+Alt+O"组合键）命令，进入文件管理窗口，如图 7-25 所示。

1. 开启 "Bridge"；
2. 浏览最近打开的文件；
3. 返回 Photoshop 界面；
4. 为图片文件标注 "星" 等级；
5. 文件批量重命名及多文件审阅；
6. 打开 "Camera Raw"；
7. 关键字搜索文件；
8. "星" 级别文件查找；
9. 文件筛选项目设置

图 7-25　Bridge 界面简介

**1. 照片的遴选**

把数码相机拍摄的照片导入计算机，往往会看见类似的场景拍摄了多张照片，认真比对、反复推敲保留下最合适的一两张，这个过程往往比较耗时，在 Bridge 中对近似的照片使用 "星级标注"，采用集中审阅（"Ctrl+B" 组合键）的方式对预选出的照片进行 "1~5 星"（"Ctrl+1~5" 组合键）的标注，可以更直观地做出最终选择，使工作更加高效。

步骤 1　框选 46 张照片文件进行快速审阅（"Ctrl+B" 组合键），如图 7-26 所示。

在 "审阅模式" 下，如浏览幻灯片一样，可以高效地遴选照片并对预选出的照片进行 "1~5 星"（"Ctrl+1~5" 组合键）的标注

图 7-26　快速审阅所选照片

步骤 2　按构图、焦距清晰度、艺术感等标准为照片标注 "星级"，如图 7-27 所示。

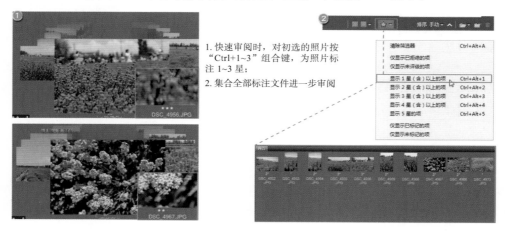

1. 快速审阅时，对初选的照片按 "Ctrl+1~3" 组合键，为照片标注 1~3 星；
2. 集合全部标注文件进一步审阅

图 7-27　为照片标注 "星级"

**步骤 3** 再次集中评阅初选的照片，衡量细节品质与差异，变更 3 星文件为 4~5 星（"Ctrl+4~5"组合键），保留最优文件，这样就能快速地从备选的 46 张照片中遴选出比较满意的文件，也能为前期的优化与后期的处理提供更多的空间，如图 7-28 所示。

使用"显示标星"（"Ctrl+Alt+1~5"组合键）的标注，可以更精准地观察遴选的照片

图 7-28　快速遴选照片文件

**2. 照片批量重命名**

当导出的照片或已经编辑的图片文件需要全部重新命名进行管理分类时，Bridge 也提供了很方便的"批重命名"功能，可以按自定义文字、日期、数字排序、字符、文件夹名称等多种方式进行自动批量重命名。

**步骤 1** 全选（"Ctrl+A"组合键）需要命名的照片文件，选择"优化"→"批重命名"（"Ctrl+Shift+R"组合键）命令，进入重命名菜单，如图 7-29 所示。

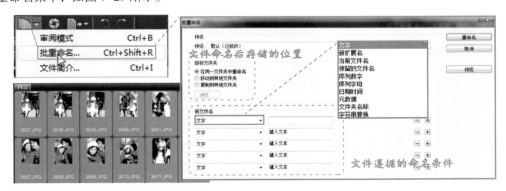

图 7-29　选择"优化"→"批重命名"命令

**步骤 2** 设置重命名文件的遵循标准，一般推荐使用"自定义文件名 + 序列数字"的方式，数字起始位可以任意设置，一般建议为数字"1"和"4"。其他遵循条件如果不需要，可以单击后方的"-"号删除，如果还需要添加更多的遵循条件，可以单击后方的"+"号继续添加。单击"重命名"按钮，完成操作，如图 7-30 所示。

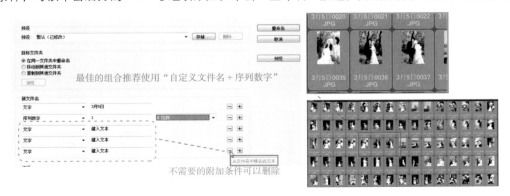

图 7-30　"自定义文件名 + 序列数字"的方式

## ■ RAW文件格式简介

RAW 的原意是"未经加工"。RAW 图像就是相机中的感光元件（CMOS 或 CCD）将捕捉到的光源信号转化为数字信号所存储的一种原始数据。可以将 RAW 理解为"原始图像编码数据"或更形象地称为"数字底片"，既没有被压缩过，也没有被后期处理过，是影像真正"所见即所得"的结果。一般情况下，RAW 格式照片比 JPEG 格式照片要灰一些，图像上的杂点也较明显一些，这是因为 JPEG 格式在被存储时所有的图像都经过了压缩与自身设配的适当调节。

RAW 文件格式的照片比 JPEG 格式的照片要大许多，它能够包含更多的图像信息，包含 16 位的颜色通道，意味着有 65 536 个颜色层次可以被调整，这对于 8 位通道的 JPEG 文件来说是一个很大的优势。当编辑一个图像时，特别是当需要对阴影区或高光区进行重新调整时，找回那些看不见的颜色信息是优化照片质量的关键。通过将同一张照片的 RAW 文件格式和 JPEG 文件格式对比就可以明显看出它的优点，如图 7-31 所示。

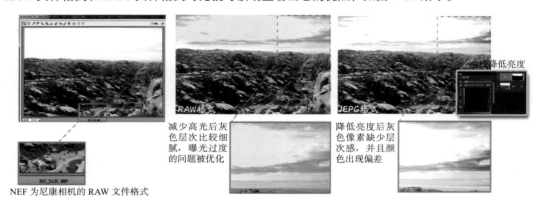

图 7-31  RAW 文件格式和 JPEG 格式的对比

图 7-31 中的原始照片显然在天空的区域曝光过度，但是通过在 Camera Raw 中降低高光的参数，部分缺失的灰色还是可以较好地被找回，但是，仍然有许多区域呈现曝光过度的现象，可见曝光过度对于后期处理来说是一件十分棘手的事。再来看看曝光不足的 RAW 格式照片在 Camera Raw 中被填充高光、降低阴影与黑色后的效果，如图 7-32 所示。

图 7-32  在 Camera Raw 中调整图像亮度

通过对 RAW 文件格式进行研究，不难发现，虽然它能够解决大多数图像的色彩与明暗问题，但对于曝光过度后的图像信息的丢失还是有些无能为力，因此，拍摄照片时应该以灰色信息的最大获取为前提，宁可入光亮小一些，也要尽量避免曝光过度的现象。相机设置中的许多信息几乎都可以在 Camera Raw 中校正与修改而不会影响原片的质量，掌握一些对 RAW 文件格式的矫正方法就能为获得较高水准的图像效果打下基础。

各大数码相机厂商的 RAW 格式后缀名称都有些区别，如佳能相机是"CR2"格式、尼康相机是"NEF"格式、索尼相机是"ARW"格式、宾得相机是"PEF"格式，Adobe 公司开发的"DNG"格式正慢慢解决不同型号相机的原始数据文件之间缺乏开放标准的问题，从而确保摄影师能够将不同平台获得的影像转存为"DNG"格式，实现更多的交互。另外，RAW 文件格式也正在变得更为普及，目前许多手机厂商已经将 RAW 格式纳入照片的常规格式中，使用手机拍照时可以尝试使用 RAW 格式。

## ■ Camera Raw 插件简介

Adobe 公司开发的 RAW 格式编辑应用软件 Camera Raw 和 Lightroom 开始变得更加普及。它们除能够编辑 RAW 格式外，对其他的图片格式也有较强的处理能力，尤其是 Camera Raw 作为 Bridge 的一部分是 Photoshop 的自带插件。

### 1. 主界面简介

在 Bridge 中选择需要编辑的图片文件（可以是 RAW 格式，也可以是 JPEG 和 TIF 等其他被支持的图片格式），单击工具栏上的 🔄 按钮直接进入 Camera Raw。在软件的编辑界面中有许多对图像文件的优化与调校预设选项，包括色温、色调、曝光、清晰度、色相调整、饱和度等参数值的设置。这些设置只是以一种附加的数据被记录在优化处理的文件中，并不是真正修改照片中的像素元素，既可以自由清除这些参数，也可以带着这些优化预设进入 Photoshop 中进行数字图像的后期处理，其主界面如图 7-33 所示。

1. 工具栏；
2. 全屏 / 默认窗口开关；
3. 直方图与曝光信息；
4. 图像细节优化命令菜单；
5. 图像白平衡校正；
6. 曝光度调整；
7. 清晰度与色彩调整；
8. 视图显示比例；
9. 存储为其他文件格式；
10. 进入 Photoshop；
11. 保存优化参数并退出

图 7-33　Camera Raw 界面简介

### 2. 工具栏简介

Camera Raw 工具栏的各项工具如图 7-34 所示。

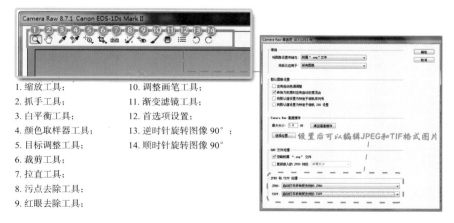

1. 缩放工具；　　　　　10. 调整画笔工具；
2. 抓手工具；　　　　　11. 渐变滤镜工具；
3. 白平衡工具；　　　　12. 首选项设置；
4. 颜色取样器工具；　　13. 逆时针旋转图像 90°；
5. 目标调整工具；　　　14. 顺时针旋转图像 90°
6. 裁剪工具；
7. 拉直工具；
8. 污点去除工具；
9. 红眼去除工具；

图 7-34　Camera Raw 工具栏界面简介

### 3. 常用工具简介

Camera Raw 工具栏中的多数工具用法与 Photoshop 工具箱中的工具类似，但是有些常用工具存在一些区别，如白平衡工具、目标调整工具、拉直工具、调整画笔工具和渐变滤镜工具。

（1）白平衡工具。调整白平衡是指确定图像中应具有中性色（没有颜色倾向的白色、黑色或灰色）的对象，再调整图像中的颜色以使这些对象变为中性色。场景中的白色或灰色对象具有拍摄图片时所使用的周围光线或光源色调。使用白平衡工具指定应该为白色或灰色的对象时，Camera Raw 可以根据取样点，自动调整场景的光照颜色，从而校正偏色现象，如图 7-35 所示。

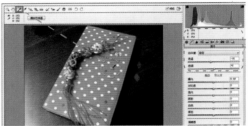

受室内灯光影响，原图有些偏黄，观察取样器参数 B 值略低，可以使用自动白平衡工具进行校正

使用白平衡工具，单击取样点（图像中的白色或黑色）可以自动校正白平衡

图 7-35　Camera Raw 的白平衡工具界面简介

（2）目标调整工具。目标调整工具能够直接使用鼠标对视图中期望调整的目标区域进行颜色色相、颜色明度、颜色饱和度、整体明暗和黑白效果的调整。该工具的基本用法如图 7-36 所示。

参数曲线　① Ctrl+Shft+Alt+T
色相　② Ctrl+Shft+Alt+H
饱和度　③ Ctrl+Shft+Alt+S
明亮度　④ Ctrl+Shft+Alt+L
灰度混合　⑤ Ctrl+Shft+Alt+G

1. 使用曲线调整的方式加强或减弱图像的明暗；
2. 对鼠标所点选区域颜色的色相进行调整；
3. 对鼠标所点选区域颜色的饱和度进行调整；

4. 对鼠标所点选区域颜色的明度进行调整；
5. 在黑白图像状态下，对鼠标所点选区域进行明暗调整

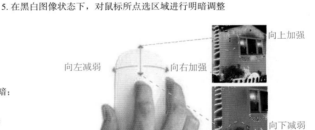

向上加强　向左减弱　向右加强　向下减弱

图 7-36　Camera Raw 的目标调整工具界面简介

目标调整工具使用起来比较方便，但在调整局部范围时也需要注意调整幅度不要过大，因为这有可能会引起调整区域和图像整体的不和谐现象。另外，此工具调整的对象是没有闭合的选择区域，整个操作只是基于鼠标的上下推移或者左右平移，使操作的结果存在很多的不确定性，这就需要在使用"目标调整工具"时更加谨慎，最好只在调整图像的初始明暗关系和加强特殊图像颜色时使用。

（3）拉直工具。拉直工具常配合裁剪工具确定裁剪图像的水平角度，比 Photoshop CS6 中的标尺工具用法更为简单、快捷，在需要保持水平的区域拉出一条直线，裁剪框会智能地旋转至相应的角度，按 Enter 键完成拉直图像的操作，在优化开阔的风景图像时常用此工具矫正视平线。拉直工具的基本用法如图 7-37 所示。

（4）调整画笔工具。调整画笔工具是 Camera Raw 中图像局部调整的重要工具，可以将其理解为是 Photoshop 工具箱中的多个调整工具的综合体。其最主要的特点是能够结合色温、色调、明暗、清晰度、饱和度和色彩叠加等多个参数对图像的特定区域描绘出一个综合调整的效果。调整画笔工具的基本用法如图 7-38 所示。

对需要拉直的视图拖曳一条直线定义为视平线，
按 Enter 键完成操作

图 7-37　Camera Raw 的拉直工具界面简介

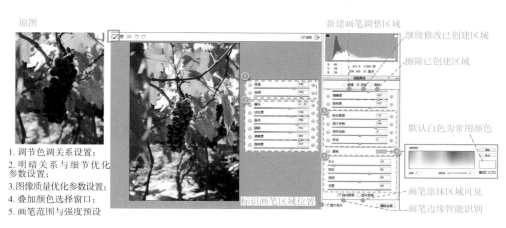

原图

新建画笔调整区域

继续修改已创建区域

擦除已创建区域

默认白色为常用颜色

1. 调节色调关系设置；
2. 明暗关系与细节优化参数设置；
3. 图像质量优化参数设置；
4. 叠加颜色选择窗口；
5. 画笔范围与强度预设

标识画笔区域位置

画笔涂抹区域可见

画笔边缘智能识别

图 7-38　Camera Raw 的调整画笔工具界面简介

（5）渐变滤镜工具。渐变滤镜工具的调控作用与调整画笔工具基本相同，也是结合色温、色调、明暗、清晰度、饱和度和色彩叠加等多个参数来影响图像的局部效果。它会以线性渐变的方式创建一个由强到弱的明暗效果去遮挡画面，使用渐变滤镜工具时，用鼠标在图像上拉出一条直线，规定出渐变的轨迹线，直线的起点被标注为绿色横线，起点处是渐变效果最强的地方；直线的终点被标注为一条红色横线，它是渐变效果最弱的地方。两者可以在建立完成后通过旋转的方式调换位置，渐变区域的起点与终点的距离可以自由地拉伸，呈现的结果可以是竖直状态，也可以是水平或倾斜状态。渐变滤镜工具界面设置如图 7-39 所示。

原图天空曝光较强，不适合采用整体调整的方式，选择渐变滤镜能较好地解决这一问题

局部区域降低了曝光值，层次更丰富

显示渐变滤镜的位置

可调节参数栏

图 7-39　Camera Raw 的渐变滤镜工具界面简介

**4. 细节优化命令栏简介**

细节优化命令栏中的各项命令简介如图 7-40 所示。

1. 基本优化预设，能全面提升图像的色调、明暗与画质。

2. "参数"曲线用于优化图像的明暗对比层次，"点"调节面板可以使用默认预设，同时可以调整图像RGB颜色的通道强度，提升颜色画质。

3. 去除图像模糊现象的同时兼顾画质的柔和度。

4. 能够单独对图像上的颜色信息进行色相、饱和度和明度的调整，同时具有黑白效果的转换功能。

5. 调整图像亮部区域与暗部区域的色调关系，能够营造出一些特殊的影调效果。

6. 调整广角镜头出现的一些视像上的扭曲与畸变，能够为图像去除和添加暗角效果。

7. 增加图像的颗粒效果，模拟照片洗印的纹理效果。

8. 某些相机会有自己的"颜色特点"（偏红、偏绿等），这里可以使用默认相机配置文件和预设调节进行校准

图 7-40　细节优化命令栏界面简介

# 7.2　课中测：颜色调整基础知识小测验

课中测

　　颜色的调整是对图像元素二次创作的一个重要方面，只有深入理解各类颜色调整的命令，才能在工作实践中游刃有余。

"1+X"数字影像处理职业技能等级认证考试模拟题

# 7.3　实训任务

## ■ 营造冷暖色对比调整法

在优化照片时常常会出现这样的一种情况，既需要降低亮部区域曝光值，又希望尽可能地增强暗部曝光，或者在照片的亮部加入暖色调的同时又希望暗部区域能存在一些冷色调，往往调整起来会遇到首尾难顾的困难。如果应用局部调整的技巧，就可以走出这种此消彼长的困境，通过局部调整后的照片能轻松呈现出较丰富的细节信息和漂亮的色调对比关系。

**步骤 1**　分析图 7-41 中原图对比较弱、亮部缺乏细节的问题，使用"基本"调整命令减弱亮部，突出层次感与细节，加强暗部对比。

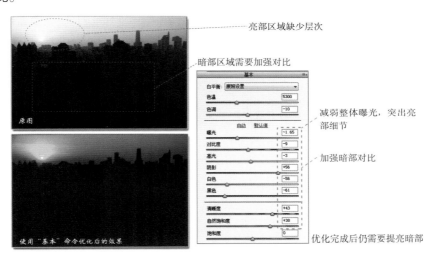

图 7-41　Camera Raw 的"基本"调整命令界面简介

**步骤 2**　使用渐变滤镜工具提亮暗部，在色温上添加一些蓝色调，使画面有冷暖对比，视觉上更具艺术效果，如图 7-42 所示。

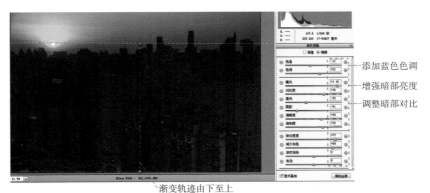

图 7-42　Camera Raw 的渐变滤镜工具界面简介

**步骤 3**　使用调整画笔工具为亮部区域继续添加一些对比度，同时在建筑物边缘上添加一些暖色的环境光色调，进一步增强冷暖色调的对比，如图 7-43 所示。

图 7-43　Camera Raw 的调整画笔工具界面简介

**步骤 4**　使用"色调曲线"命令为图像整体的色调关系添加对比层次，最终效果如图 7-44 所示。

微课：风景图像中营造冷暖色对比调整法

图 7-44　Camera Raw 的"色调曲线"命令界面简介

## ■ "青橙风格"的调色案例解析

要想拍摄出大师级的摄影作品，需要众多条件的支持，如灯光、布景、人物主体的气质、专业器材及设备，当然更重要的条件是要具备极高的艺术造诣来协调与应用这些客观因素。但是不难发现，如果能够得到一张拍摄清晰、构图合理、曝光基本准确的照片，在 Photoshop 和 Camera Raw 中几乎能够调整出同样高水准的图像效果。

气质的彰显与色调的氛围营造是人像后期处理中较具难度的任务，除了基本明暗关系的调整和适当饱和度的追加外，最大的考验是如何营造出令人印象深刻的具有一定视觉冲击力的画面效果，这方面的知识可以通过借鉴与学习慢慢积累，观察一些大师作品中的色调关系并尝试去再现是一个不错的学习方法。"青橙风格"调色案例效果如图 7-45 所示。

（a）　　　　　　　　　　　　　　　　　　（b）

图 7-45　"青橙风格"调色案例效果
（a）原图；（b）调整后效果

步骤 1 进入 Camera Raw 软件，对照片进行明暗层次的调整，具体参数如图 7-46 所示。

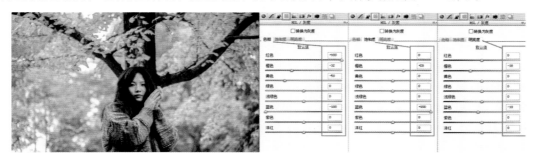

图 7-46 调整图像明暗效果

步骤 2 进入"HSL"（色相、饱和度、明度）调整菜单，根据青橙色调的特征，将画面中的红色调整为橙色倾向，将蓝灰色调整为青色倾向，继续调整青色和橙色的饱和度与明度关系，具体参数如图 7-47 所示。

图 7-47 设置图像的"青橙色"倾向

步骤 3 为背景区域添加青色和橙色的"渐变滤镜效果"，进一步营造青色和橙色对比关系，具体调整参数如图 7-48 所示。

图 7-48 "渐变滤镜"参数设置面板

步骤 4 完成 Camera Raw 的调整，进入 Photoshop 图像后期调整阶段，为图像添加"通道混合器"调整图层，将图像的蓝通道中的蓝色数值修改为"0%"，并将绿色数值调整为"100%"，统一图像整体的青色色调，具体调整设置如图 7-49 所示。

步骤 5　为图像添加"色相／饱和度"调整图层，选择"红色"通道信息，将图像中的"红色"信息修改为橙色倾向，具体调整设置如图 7-50 所示。

图 7-49　为图像添加"通道混合器"调整图层

图 7-50　将图像中的"红色"信息修改为橙色倾向

步骤 6　选择"青色"通道信息，将图像中的"青色"信息做适当调整，具体调整设置如图 7-51 所示。

步骤 7　为图像添加"色阶"调整图层，对图像中的暗部区域做适当调整，为暗部区域增加一些灰色的胶片质感，具体调整设置如图 7-52 所示。

图 7-51　将图像中的"青色"信息做适当调整

图 7-52　对图像中的暗部区域做适当调整

步骤 8　为创建的三个调整图层新建一个"图层文件夹"，并关闭图层显示面板中的可见设置，选择"背景"图像层，执行"选择"→"色彩范围"命令，在"取样颜色"设置中选择"肤色"选项，"颜色容差"默认为 40，单击"确定"按钮，该命令会将和人物肤色相同的颜色全部选中，从而获得一个选择区域，具体调整设置如图 7-53 所示。

图 7-53　"色彩范围"命令的设置

步骤 9　打开图层显示面板中"调整层文件夹"的可见设置，为"调整层文件夹"创建一个遮挡蒙版，蒙版中的白色区域就是步骤 8 中获得的选区图像，因为图像中肤色以外的区域才是青橙色调的主体部分，所以还要对蒙版图像执行一次"反相"命令，具体设置如图 7-54 所示。

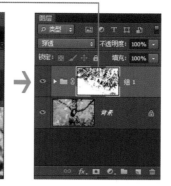

创建遮挡蒙版　　　　选择"蒙版"，执行"图像"→"调整"→"反相"命令

图 7-54　图层蒙版的创建和调整

**步骤 10**　按住 Alt 键单击蒙版缩略图，最大化显示遮挡蒙版，对图像执行"滤镜"→"模糊"→"高斯模糊"命令，"半径"设置为"10 像素"，将图像调整为合适大小即可，最终为蒙版的遮挡边缘营造一些朦胧效果，如图 7-55 所示。

图 7-55　对图像的构图进行适当裁切

微课："青红"风　　　微课："青红"风　　　微课："青红"风
格调色技巧解析　　　格调色技巧解析　　　格调色技巧解析
（1）　　　　　　　　（2）　　　　　　　　（3）

# 项目 8

## 创意无限——乐享图像合成的奇妙之旅

**项目导读**

在 Photoshop 的学习中，图片素材的加工和处理是一个非常重要的环节，对图像的精确选取是高质量完成图像合成的一个重要前提，只有掌握了图像的精确抠选才能为随后的图像二次创作与艺术效果表达打下坚实的基础。本项目将围绕综合抠像技巧与图像合成等多个案例重点讲解如何借用通道获得选区、如何进行半透明图像的抠选、合成图像时如何重建环境色调等应用技巧。

**学习目标**

1. 知识目标：掌握图像选择的不同方式、通道选区的优势、图像合成的基本思路。

2. 技能目标：能够熟练应用 2~3 种图像抠选的方法，熟练使用调整边缘快速获得主体图像选区，熟练掌握半透明图像的抠选方法与多图像素材合成的技巧。

3. 素养目标：能够结合创意主题高效收集与整理各类素材，养成分析优秀创意作品的习惯，善于发掘文案信息的闪光点并提炼出相关图像元素。

# 8.1　图像的选择与合成

工具栏中的一些常用选区工具对于简单的图像边缘能够得到较好的选择结果，但对于不规则的复杂对象就需要用到一些组合技巧才能获得较精确的选区，下面列举一些精确获得选区和图像合成的技巧。

## ■ 图像的精确选择方式解析

### 1. 自动选择工具

（1）智能选择工具。如果需要选择单一颜色或明暗差异较大的图像，使用魔棒工具和快速选择工具就是一个不错的选择，它们能够根据图像中颜色的色相、明暗来获得像素与像素之间的差异，根据设定的"颜色容差"值能最终确定需要选择的范围，再通过选区范围的控制进行适当的加选、减选，这样就得到了一个效果较好的选区。使用魔棒工具选择图像如图 8-1 所示。

图 8-1　使用魔棒工具选择图像

（2）菜单栏中的"选择"命令。在菜单栏中还隐藏了两个可以根据颜色信息获得选区的命令，分别是"色彩范围"和"选取相似"，使用方法有些区别，但得到的结果基本相似，如图 8-2 所示。

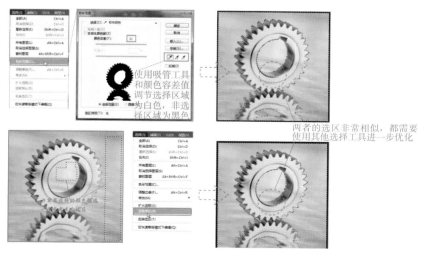

图 8-2　菜单栏中的"选择"命令

**2. 快速选择工具与钢笔工具综合应用**

自动选择工具在选择图像时十分快捷，但受到像素颜色和明暗的影响会有一定的局限性，如果配合多边形套索工具或钢笔工具对选择的结果进行调整与优化，就会弥补这些选择上的局限性，尤其是钢笔工具能够十分准确地描绘出边缘比较圆滑的图像，在"路径"面板中配合添加、减除、交叉选择的组合键可以把"快捷"与"准确"这两个优点相互结合从而大大提高选择的效率，如图 8-3 所示。

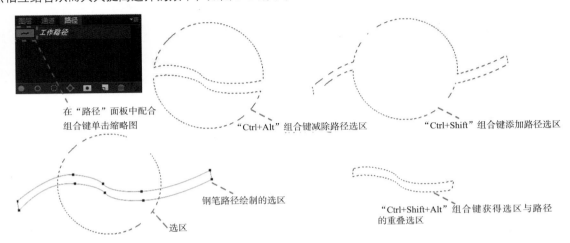

图 8-3　使用多边形套索工具和钢笔工具对图像进行综合选择

使用快速选择工具与钢笔工具完成圆滑边缘图像的选择，基本操作方法如图 8-4 所示。

图 8-4　使用快速选择工具与钢笔工具对图像进行综合选择

微课："快速选择"
工具与"钢笔工具"
综合应用（1）

微课："快速选择"
工具与"钢笔工具"
综合应用（2）

**3. 通道绘制选区**

如果能够熟练使用前面介绍的几种选择方法，大多数图像的轮廓边缘都可以被精确地选择出来，但是如果面对图 8-5 所示的棕榈树图像，要做到精确选取难度较大，单独使用钢笔工具绘制路径几乎是不太可能。但是，如果掌握了通过颜色通道来获得选区，进入棕榈树通道面板就会发现"蓝色通道"其实已经为分离目标做好了一切准备，如图 8-6 所示。

图 8-5　棕榈树图像　　　　　　　　　　图 8-6　棕榈树图像的通道面板

　　颜色的信息都由各自的通道记录，白色表示该通道记录了大量颜色信息；反之，深色则表示该通道没有此颜色信息，在通道面板中能够将白色信息载入到图层中转变为选区，基于这个原理，只需要在通道中将目标图像调整为白色即可。

温馨提示：操作时需要注意以下两点。

　　（1）不要在原色通道上直接绘制，这将改变图像整体的颜色，一定要复制一个被用来调节或绘制的原色通道。

　　（2）目标图像与背景谁是黑色，谁是白色，可以根据颜色通道中的黑白关系来决定，为了符合绘制规律，一般先将需要选择的图像绘制成黑色，背景绘制成白色，最后通过执行"图像"→"调整"→"反相"（"Ctrl+I"组合键）命令来达到最终的目的。

　　完成看似复杂的图像选择，有时可能只需要简单的几步。下面就利用一个"精选棕榈树"的案例来详细讲解利用通道建立选区的具体方法。

　　步骤 1　在通道面板中复制一个蓝色通道，其他两个通道中棕榈树与蓝天背景都有许多明度相近的灰色信息，分离它们难度较大，所以不建议使用。对新复制的蓝色通道执行"图像"→"调整"→"色阶"（"Ctrl+L"组合键）命令，用白色吸管单击白色背景，将所有的灰色调整为白色，再使用黑色吸管单击棕榈树的树叶部分，将所有的深灰色调整为黑色，如图 8-7 所示。

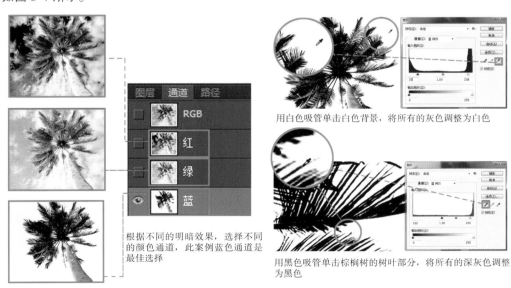

图 8-7　复制蓝色通道并调整复制后通道图像的明暗关系

步骤 2　用画笔（画笔硬度 80% 左右）将背景中的个别颜色都填上白色，使用"["和"]"键来控制画笔头的大小，注意画笔边缘不要触碰到棕榈树的树叶，这一步需要非常小心地描绘，用同样的方法对棕榈树的树叶也做一些完善，树干部分配合钢笔工具为其勾选一个清晰的路径轮廓，直接将树干部分填充（按"Alt+Delete"组合键可以填充前景色、按"Ctrl+Delete"组合键可以填充背景色）黑色，如图 8-8 所示。

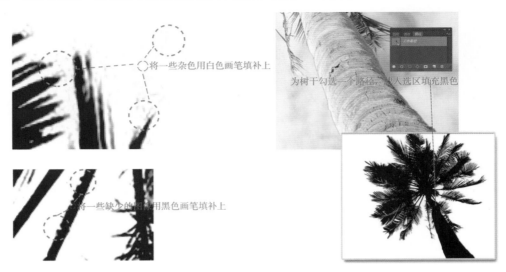

图 8-8　调整复制后通道图像最终获得黑白分明的效果

步骤 3　执行"图像"→"调整"→"反相"命令将通道的黑色与白色互换，仔细查找需要修改的一些细节，用"工具"面板中的减淡工具和加深工具继续对边缘和有杂色的地方进行涂抹，使图像的黑白关系更加突出，最终通道内的选区绘制完成，如图 8-9 所示。

（a）　　　　　　　　　　　　　　　　　　　　　（b）

图 8-9　使用减淡工具和加深工具优化图像的边缘

（a）加深或减淡一些杂色，使黑白效果更加突出；（b）通道选区的最终结果

步骤 4　单击通道面板下方的"将通道作为选区载入"按钮，返回图层面板，为图像添加一个蒙版，此时的背景已经被分离，主体成了带有透明层背景的图像素材，选区的工作就全部完成了，如图 8-10 所示。

微课：通道抠选

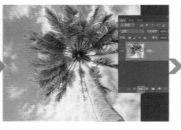

图 8-10　单击"将通道作为选区载入"按钮并为图层面板中的图像创建蒙版

**4. "调整边缘"命令获得选区**

使用"调整边缘"命令不能直接得到选区，该命令必须在已有选区的基础上使用。在绘制选区时使用钢笔工具对选择图像的硬边缘和圆弧边缘有很大的优势，而通道绘制选区的方法比较适合选择凌乱的图像轮廓、柔和的图像边缘、物体的阴影及半透明的图像，如树木、字画、光影轮廓、毛发、云朵、液体、玻璃等对象。如果仔细观察被抠选出的透明层图像，会发现边缘处往往仍然存在一些白色或黑色的杂边；或者将抠选出的图像合成到其他图像中时，会发现图像的边缘会有些生硬显得不太自然。

"调整边缘"命令可以在较粗糙的选区状态下精细优化选择图像的边缘，为了对比通道精选图像与"调整边缘"命令选择图像的区别，下面详细讲解如何精选出图 8-11 中的小狗选区。

微课："调整边缘"命令获得更精致的选区

图 8-11　使用"调整边缘"命令获得图像的效果

**步骤 1**　进入通道面板复制绿色通道，对新复制的通道执行"图像"→"调整"→"色阶"命令，用白色吸管单击目标图像，将一些灰色调整为白色，再使用黑色吸管单击背景，将所有的深灰色调整为黑色，如图 8-12 所示。

图 8-12　复制绿色通道并调整通道图像的明暗关系

**步骤 2**　使用加深工具将小狗背景与毛发边缘进一步强化，用钢笔工具将右上方背景中的灰色区域小心勾选出，转换为选区用画笔画上黑色，最后使用"画笔工具"将目标图像中小狗的眼睛、嘴巴和鼻子等区域填涂上白色，如图 8-13 所示。

1. 使用加深工具强化明暗与细节；
2. 使用钢笔工具勾选很难自动识别的区域；
3. 使用画笔工具填补遗漏的图像区域

图 8-13　优化通道图像的毛发边缘

**步骤 3**　从通道中的黑白关系来看，这个选择区域已经十分精细了，载入选区并在图层面板上创建一个蒙版（方法如图 8-10 所示），观察发现毛发的边缘依然存在一些瑕疵不够自然，这时在"蚂蚁线"状态下用鼠标右键单击"调整边缘"命令，在弹出的"调整边缘"命令面板中进行设置，如图 8-14 所示。

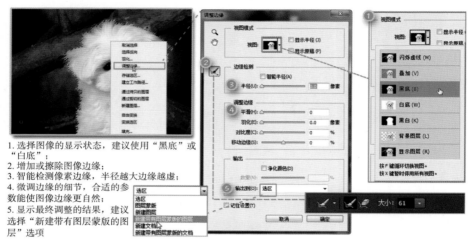

1. 选择图像的显示状态，建议使用"黑底"或"白底"；
2. 增加或擦除图像边缘；
3. 智能检测像素边缘，半径越大边缘越虚；
4. 微调边缘的细节，合适的参数能使图像边缘更自然；
5. 显示最终调整的结果，建议选择"新建带有图层蒙版的图层"选项

图 8-14　"调整边缘"命令面板设置

**步骤 4**　设置图像为"黑底"显示模式，勾选"智能半径"复选框，将"半径"设置为"22 像素"，"平滑"设置为"10"，"羽化"设置为"0.9 像素"，对比度设置为"23%"，"输出到"选择"新建带有图层蒙版的图层"选项，单击"确定"按钮，完成选区的创建，效果如图 8-15 所示。

图 8-15　通过"调整边缘"命令获得图像精确选区

实际应用中也可以直接使用多边形套索工具和钢笔工具框选出图像中的毛发边缘的大概选区，再使用面板中的调整半径工具增加或清除一些轮廓，智能化生成的选择范围在大多数情况下都有较好的品质。

5. "快速蒙版"命令获得选区

在 Photoshop 工具箱面板的最底部设有一个"快速蒙版"命令，它能够通过画笔将描绘的区域直接转换成选区，画笔边缘的硬度、不透明度等属性都会影响最终获得的选区边缘效果，单击"快速蒙版开关"按钮后，画笔描绘的区域会变为红色，如果希望结束选择，可以再次单击"快速蒙版开关"按钮。需要注意的是，最后得到的选区和绘制的选区刚好相反，必须在菜单栏的"选择"命令菜单中选择"反相"（"Ctrl+Shift+I"组合键）命令才能真正获得先前描绘的区域，为得到的选区创建一个蒙版，最终显示的效果会有一个非常柔和的边缘，利用画笔涂抹出的选区范围要比"羽化"调整得到的更容易控制，具体应用如图 8-16 所示。

微课："快速蒙版"命令获得选区

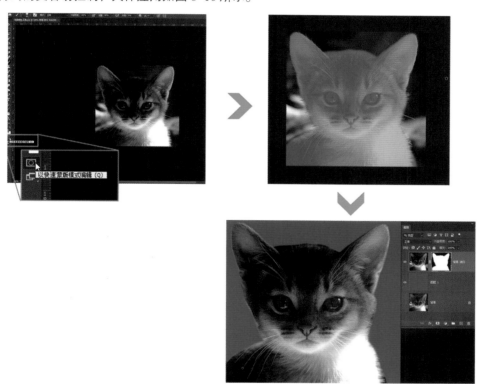

图 8-16　使用"快速蒙版"命令获得图像选区效果展示

## ■ 半透明对象的抠选技巧

液体、玻璃、塑料、烟雾、火焰、薄纱等物质都具有半透明的特性，选择半透明属性的图像除需要选择轮廓边缘外，还需要考虑图像合成时呈现出的透明特征，如图 8-17 所示。

原图

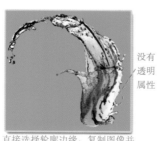

直接选择轮廓边缘，复制图像并替换背景

没有透明属性

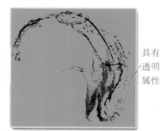

从通道中获得选区，复制图像并替换背景

具有透明属性

图 8-17　半透明属性的图像特征

**1. 利用通道抠选图像**

在 Alpha 通道中，256 个明度等级形成的图像能记录选择的范围信息和图像的透明度强弱效果，黑色（R0/G0/B0）既表示该区域为非选区，也表示该颜色区域的图像为全透明状态；白色（R255/G255/B255）既表示该区域为选择区域，也表示该颜色区域的图像为完全不透明状态。那么 254 个明度级别就能够分别记录下不同程度的图像透明效果。明度越高透明度越低，明度越低则透明度越高。下面选取一个抠选半透明图像的实例做详细讲解，抠选效果如图 8-18 所示。

图 8-18　利用通道抠选透明图像效果

步骤 1　观察通道面板中 3 个原色通道中的图像明暗效果，复制主体中灰色信息较丰富的通道作为绘制选区的载体。使用快速选择工具选择透明物体外的所有区域并填充黑色，效果如图 8-19 所示。

图 8-19　在通道中创建黑白效果图像

步骤 2　执行菜单栏中的"图像"→"应用图像"命令，对绘制出的"蓝拷贝"通道进行混合，将混合模式设置为"正片叠底"，"不透明度"为"60%"，适当加强通道图像的局部透明度，效果如图 8-20 所示。

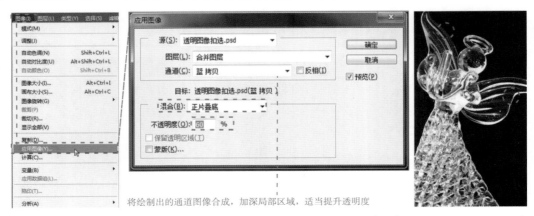

图 8-20　执行"图像"→"应用图像"命令完善图像细节

步骤 3 为了增加主体局部区域的透明度层次与透明物体的体量感，使用减淡工具与加深工具将图像中的局部区域做适当涂抹；载入通道中的图像得到选区，复制并新建（"Ctrl+J"组合键）选区中的图像，为方便观察新建一个纯色图层作为背景，效果如图 8-21 所示。

图 8-21 使用减淡工具与加深工具优化图像

步骤 4 绘制主体的阴影，再次进入通道面板，复制红色通道并使用多边形套索工具将投影外的所有区域进行选择并填充白色，取消选区（"Ctrl+D"组合键）后选择"反相"命令并将投影选区中的花朵图像使用减淡工具反复涂抹，效果如图 8-22 所示。

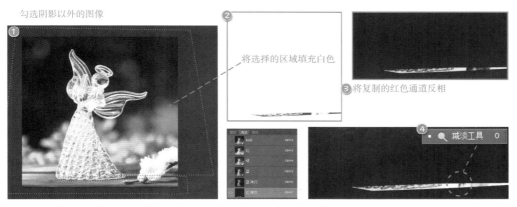

图 8-22 使用多边形套索工具将投影外的所有区域进行选择并填充白色

步骤 5 载入通道中绘制的阴影选区并将选区的羽化值设置为"5 像素"，在透明图像下方新建图层使用渐变工具，将"名称"设置为"从前景色到透明渐变"，在羽化选区中绘制一个线性渐变，效果如图 8-23 所示。

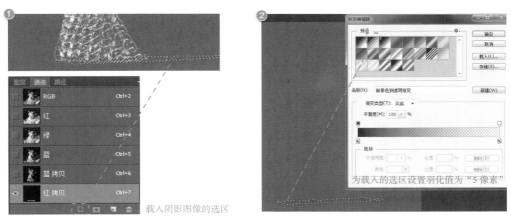

图 8-23 绘制透明物体的阴影效果

步骤6　设置绘制的阴影图像图层混合模式为"正片叠底"，"不透明度"为"65%"；复制一次透明图像层，将"不透明度"设置为"70%"，增加透明图像的整体质感，最终效果如图 8-24 所示。

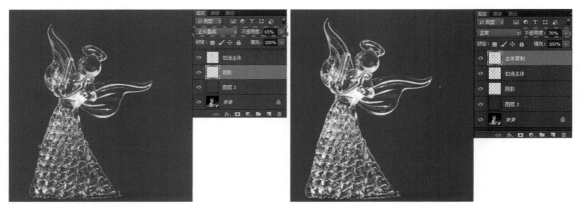

图 8-24　增加透明图像的整体质感

**2. 利用蒙版命令抠选图像**

为图像新建蒙版后将图像全选（"Ctrl+A"组合键）并复制（"Ctrl+C"组合键），按住 Alt 键单击蒙版窗口中的白色蒙版缩略图，在蒙版图像最大化显示状态下将复制的图像粘贴（"Ctrl+V"组合键）到蒙版中，会得到具有丰富明度层次的灰度图像，使用勾选工具将主体外的所有区域勾选后填充黑色，利用灰度图像的明暗差别就可以产生不同的透明效果，最终就能够抠选出一个带有透明属性的图像，抠选方法如图 8-25、图 8-26 所示。

图 8-25　使用勾选工具将主体外的所有区域勾选后填充黑色

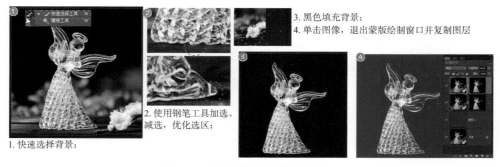

图 8-26　最终抠选出透明物体的效果

通道与蒙版对透明图像的抠选原理都是基于灰阶颜色的明暗等级决定图像透明程度这一运算标准，虽然存在一些区别，但其核心理念是相同的。在实践应用中只要能得到较好的效果，两者没有区别。

## ■ 图像的合成方法与案例解析

图像合成是 Photoshop 最擅长的应用领域，通过抠选主体图像，将其融入素材图像并调整所有合成图像的颜色、环境色调及光影细节，最终能够实现图像的二次成像，并达到逼真的艺术效果，这种技巧被广泛地应用于视觉传达设计领域。但在图像合成时也需要注意以下几点：不建议使用光影效果互相矛盾的图像进行合成；选择图像素材时应尽量统一透视角度；只有综合考虑合成时会出现的各种细节问题，才能得到较好的合成效果。

微课：半透明图像
的抠选

**1. 合成图像的基本方法**

合成图像时需要将抠选出的图像和多个素材较自然地拼合在一起，使用羽化边缘与蒙版遮挡是最有效的两种方法。

（1）羽化边缘。将素材图像的边缘进行适当虚化，可以直接将其复制后融入新的背景图像，尤其是当边缘颜色与合成图像的背景色较接近时，此方法十分方便，直接选择后在"蚂蚁线"效果下设置羽化值。另外，在蒙版面板中也可以对选择区域单独设置"羽化半径"，其效果和选区的羽化是相同的，羽化的应用如图 8-27 所示。

图 8-27 使用将素材图像的边缘虚化的方式合成图像

（2）蒙版遮挡。使用蒙版能够产生多种图像合成效果，它既能使合成图像的边缘十分犀利，也能产生羽化与渐变柔和混合的遮挡效果。在蒙版中能够自由修改图像中需要混合的区域，在能得到较好合成图像效果的同时也能保护素材图像的所有像素信息不被损坏，不同明度的颜色能对图像产生不同强度的遮挡。蒙版最大的优点是混合效果十分自然，遮挡区域修改方式非常便捷，如图 8-28、图 8-29 所示。

图 8-28 使用渐变效果的蒙版遮挡的方式合成图像

图 8-29　使用画笔涂抹、蒙版遮挡的方式合成图像

在"蒙版"面板中可以分别设置"浓度"与"羽化"值的参数对遮挡效果进行调节。另外，还能在"矢量蒙版"中使用钢笔勾描的路径对图像快速生成较锐利的遮挡边缘。"蒙版"面板如图 8-30 所示。

微课：拼合图像的
基本方法

1. 图层蒙版；2. 矢量蒙版；
3. 在图层蒙版中对遮挡图像进行边缘与强弱效果的调整；
4. 载入蒙版为选区；5. 应用蒙版改变图像像素信息；
6. 显示与隐藏蒙版；7. 删除蒙版

图 8-30　"蒙版"面板简介

**2. 统一图像色调的基本方法**

完成图像轮廓选择与拼合后还需要统一色调关系，使用图像调整层中的"色彩平衡""曲线""照片滤镜"等命令能够较好地调节色彩的倾向、明暗和整体关系，使合成图像的最终效果在色调上达到统一。

（1）使用"照片滤镜"命令添加环境光效果的具体步骤如下。

步骤 1　将抠选的素材放入不同色调关系的背景中，仔细观察图像主体和背景颜色的细微差别，如图 8-31 所示。

产品缺少环境光线的影响，
图像合成得不太自然

图 8-31　细致观察主体图像与背景色调的关系

步骤 2 　为主体图像新建一个"照片滤镜"调整层并将其设置为剪切蒙版，将滤镜颜色的色调与背景色中的亮部颜色设置一致，这样就可以快速实现合成主体图像与背景色调关系的统一，为主体添加一个环境光效果，如图 8-32 所示。

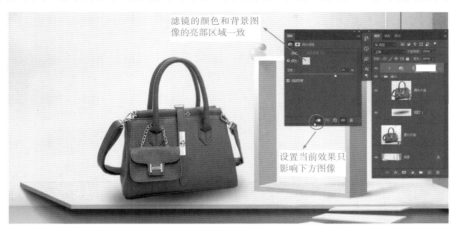

图 8-32 　使用"照片滤镜"命令统一图像色调

（2）使用色温调整法。调整合成图像颜色时主观性较强，不同的色彩环境会呈现出不同的色调关系，可以借鉴混合模式中的"明度"模式，将纯红色图像转换为监控整体色彩色温关系的工具，认真观察全图并对图像中色温差异较明显的区域重点调整，如果对比背景合成图像颜色偏红，则表示色温较暖，需要降低红、黄、品红等颜色的参数；如果对比背景合成图像颜色偏蓝，则表示色温较冷，需要降低青、蓝、绿等颜色的参数。这种色温检测的调节方式多被应用在精细度要求较高的图像创意作品中，如图 8-33 所示。

图 8-33 　使用"明度"模式统一图像色调

━━━━━━━━━ ■ 拓展案例 ━━━━━━━━━

补充实例 1：电商产品图片处理技巧。
补充实例 2：时尚杂志封面制作。

微课：电商产品图片处理技巧

微课：时尚杂志封面制作（1）

微课：时尚杂志封面制作（2）

## 8.2　课中测：图像处理基础知识小测验

　　在图像处理的综合应用中，掌握一些常用组合键和快速选择方式是十分必要的，读者需要通过大量的实践练习去不断积累经验。

"1+X"数字影像处理职业技能等级认证考试模拟题

# 8.3　实训任务

■ 庭院景观鸟瞰效果图制作案例解析（选自职业技能大赛"园林景观设计"）

　　使用 Photoshop 绘制一张庭院景观鸟瞰效果图，最终效果如图 8-34 所示。

图 8-34　庭院景观鸟瞰效果图

**1. 素材导入**

　　步骤 1　打开 Photoshop 软件，执行"文件"→"打开"命令，打开"庭院景观鸟瞰效果图 .png" 文件，此时图像背景呈透明模式，如图 8-35 所示。

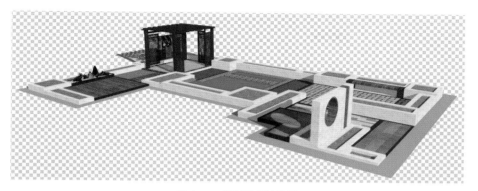

图 8-35　素材图原始效果

步骤 2　执行"文件"→"新建"命令，新建 A3 大小文件，将新建图纸"宽度"设置为"42 厘米"、"高度"设置为"29.7 厘米"，"分辨率"设置为"200 像素 / 英寸"，"颜色模式"设置为"RGB 颜色"，其他采用默认的设置，如图 8-36 所示，单击"创建"按钮完成文件的新建。

图 8-36　新建文件设置

步骤 3　将"庭院景观鸟瞰效果图 .png"文件拖入新建的 A3 图纸中，将素材图层向中心缩小，留出边框。单击矩形选框工具，选择图形中多余的背景，按 Delete 键删除，完成庭院景观鸟瞰效果图的导入，如图 8-37 所示。

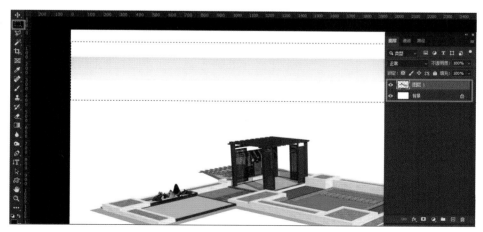

图 8-37　调整素材图像位置

**2. 水池效果制作**

步骤 4　将素材图层命名为"底图"，单击魔棒工具，将"容差"值设置为"30"，选择"底图"图层中的"水池"

区域，因水池为"跌水"样式，有不同的高差，所以将水池区域分两块处理，使用多边形索套工具（"Alt+L"组合键）减选多余的水域，如图 8-38 所示。

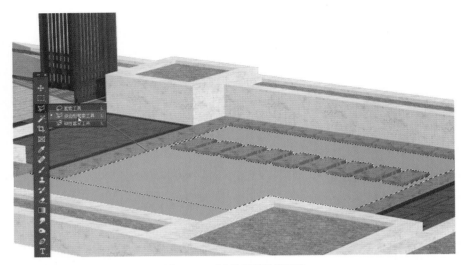

图 8-38　对水池区域进行抠选

步骤 5　设置前景色（R59/G203/B201）和背景色（R35/G87/B147）。新建图层"水池 1"，选择渐变工具，颜色为由前景色到背景色渐变样式，点选"径向渐变"，进行渐变填充，用同样方法完成"水池 2"图层渐变填充，如图 8-39 所示。

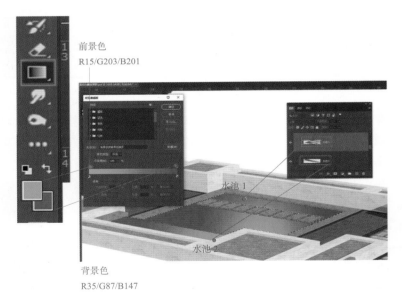

图 8-39　绘制水池区域颜色

步骤 6　打开"水纹 .jpg"素材图片，将水纹贴图粘贴于水体区域内，执行菜单"编辑"→"自由变换"命令（快捷键 Ctrl+T），调整水面纹理大小正好与水体区域大小基本一致，按 Enter 键确定，长按 Ctrl 键，在图层面板中鼠标左键单击"水池 1"缩略图，继续长按 Ctrl 键和 Shift 键单击"水池 2"缩略图，获得两个选区后在"水纹 .jpg"素材图层后新建一个"蒙版"，最后将"水纹"图层的"不透明度"调整为"60%"，如图 8-40 所示。

步骤 7　选择"水池 1"图层，设置图层样式为"内投影"，设置"不透明度"为"88%"，"角度"为"73°"，"距离"为"17 像素"，"阻塞"为"14%"，"大小"为"10 像素"，为"水池 1"图层添加一些光影效果，如图 8-41 所示。

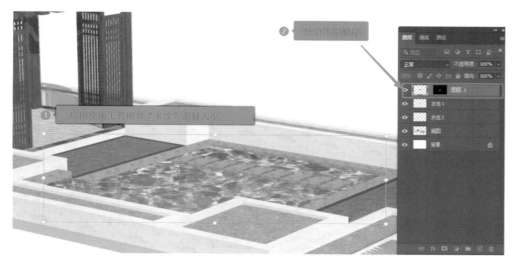

图 8-40　将水纹贴图粘贴于水池区域内

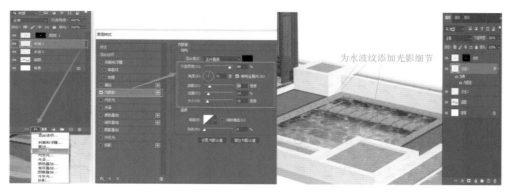

图 8-41　为"水池 1"图层设置"内阴影"效果

步骤 8　在图层最上方新建"喷泉"图层，选择画笔工具，在"画笔设置"面板，选择"16 号喷溅形态的画笔"，调整画笔"大小"为"25 像素"，"间距"为"158%"，设置"画笔菜单栏"的"不透明度"为"53%"，"流量"为"53%"，将"前景色"设置为白色，使用画笔工具在"水池 2"区域重复单击，点涂出喷泉的形态，再缩小画笔大小，调高"不透明度"和"流量"的数据，在喷泉中心区域点涂，使喷泉水花更明显，如图 8-42 所示。

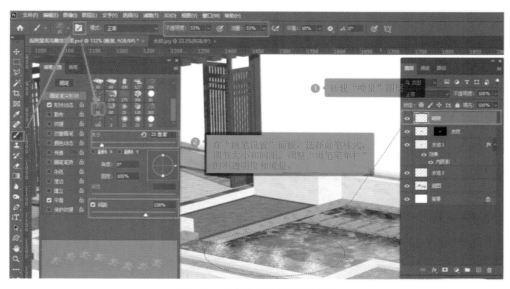

图 8-42　为水池添加"水花"细节

步骤 9　打开"鱼群 .psd"素材，将图像素材拖入当前文件内，使用应用变换工具（"Ctrl+T"组合键）将鱼群调至合适的位置和大小。删除素材中多余的区域，将"鱼群"图层的"不透明度"调整为"47%"，显示鱼群浸入水中的效果，最终效果如图 8-43 所示。

图 8-43　为水池添加"鱼群"效果

**3. 地面铺装效果制作**

在效果图制作中用得较多的方法是置入法（即将一幅图像中的选择区域用鼠标拖动至另一种图像中的方法）和填充法（即先将一幅图像定义为填充图案，然后在另一幅图像中用图案填充要填充的选择区域的方法）。

（1）木平台制作——置入法。

步骤 10　打开"木纹 .jpg"素材，如步骤 6 中调整水纹的方法一样将木纹贴图粘贴于"木平台"图层区域内，执行菜单"编辑"→"自由变换"命令，调整木纹纹理大小和方向，单击鼠标右键，在弹出的快捷菜单中选择"斜切"命令调整木纹素材的具体细节，让其与户外木平台区域范围完全吻合，按 Enter 键确定，因为木纹素材颜色偏浅，需将其调深，重命名图层名称为"木平台"图层，执行菜单栏"图像"→"曲线"（"Ctrl+M"组合键）命令，调整曲线位置，单击"确定"按钮，最终效果如图 8-44 所示。

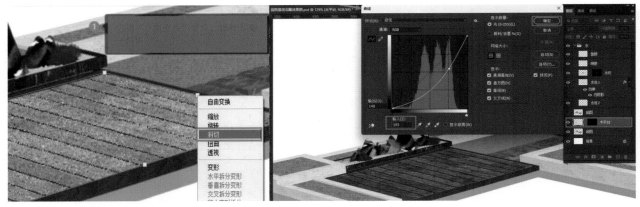

图 8-44　制作"木平台"效果

（2）碎石边制作——填充法。

步骤 11　为了图形美观，庭院周围铺设碎石来进行收边，首先在"底图"图层使用魔棒工具选择碎石边的区域按 Shift 键进行加选，选中所有的碎石区域，包括阴影区，将选中的碎石边图像区域进行复制并独立新建图层（"Ctrl+J"组合键），将其重命名为"碎石边"，如图 8-45 所示。

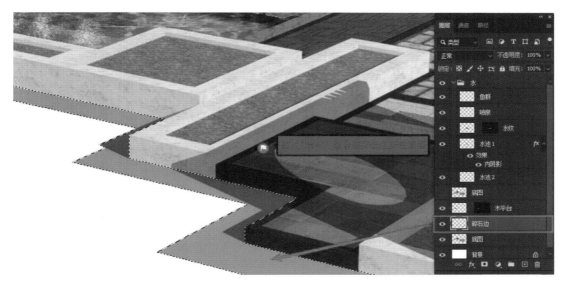

图 8-45 新建"碎石边"图层

**步骤 12** 打开"碎石 .jpg"素材图片,执行菜单栏"编辑"→"定义图案"命令,将图案命名为"碎石",选择"碎石边"图层(Ctrl+ 单击图层缩略框),选择菜单栏"编辑"→"填充"命令,将填充面板中的"内容"在下拉菜单中选为"图案"对"碎石边"图层进行填充。在"底图"图层中使用魔棒工具选择阴影图像区域,获得选区后新建一个名为"碎石投影"的图层,将图层选区内填充黑色,将图层的"不透明度"调整为"60%",为"碎石边"图层建立阴影效果,调整后如图 8-46 所示。

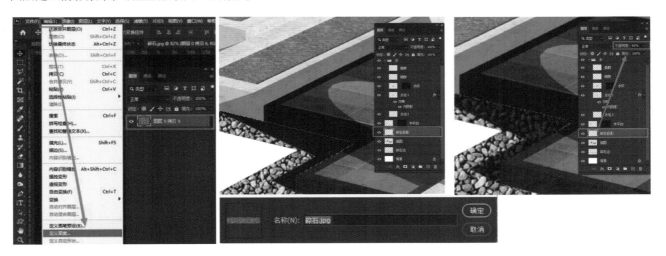

图 8-46 填充图案为"碎石边"图层添加阴影效果

**4. 景观植物效果制作**

(1)乔木制作。

**步骤 13** 打开"植物素材 .psd"文件,将素材图像置于视觉中心的水池边花坛,将图层命名为"乔木 1",调整树木大小和位置。复制"乔木 1"图层,重命名为"乔木 1 投影",选择"乔木 1 投影"图层填充黑色,并使用"自由变换"命令对图像进行大小和位置的调节,使用斜切工具调整投影的透视效果,将"乔木 1 投影"图层顺序调至"乔木 1"图层之下,并将图层的"不透明度"调整为"50%",将图层样式设置为"叠加",效果如图 8-47 所示。

图 8-47　添加乔木及阴影细节

**步骤 14**　继续使用素材文件，将各类乔木放置在鸟瞰效果图中，通过调整远处乔木的图层"不透明度"来区分前景树和背景树，进一步提升效果图的空间和景深效果，如图 8-48 所示。

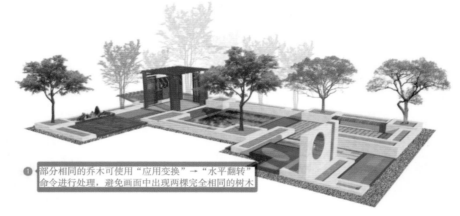

❶ 部分相同的乔木可使用"应用变换"→"水平翻转"命令进行处理，避免画面中出现两棵完全相同的树木

图 8-48　完成效果图中所有树木的制作

　**知识拓展**

（1）市面上的植物素材非常丰富，需要根据庭院的视图角度和表达主题等进行选择，植物的种类不在于多，更不能喧宾夺主地大面积遮挡庭院的景观设计表达，需要灵活处理。

（2）植物的投影可以全部做出来，也可以只选择最主要的做投影效果，根据图面主题和美感来自主判定。

（2）灌木和花卉制作。

**步骤 15**　打开"植物素材 .psd"文件，找到花卉素材导入花坛，使用"自由变换"命令调节花卉素材大小和位置，并用斜切工具来调整花卉素材的透视。复制（Alt+ 移动工具）花卉素材，并调整花卉素材的大小和透视，合并所有的花卉图层并添加样式"投影"，将"投影"设置面板中的距离调整为 12 像素，以此类推完成所有花卉效果，如图 8-49 所示。

图 8-49　完成树木与花卉添加的效果

**5. 天空背景及其他细节效果制作**

步骤 16　打开"天空 .jpg"素材，置入图像文件内，将"天空"图层顺序调到底图之下，将图层的"不透明度"设置为"40%"，在菜单栏选择"图像"→"调整"→"色相 / 饱和度"命令，将"色相"调整为"-27"，"饱和度"调整为"-37"，导入"人物 .psd"素材，根据透视关系调节人物大小和位置，适当调整人物整体色调和人物图层"不透明度"，使人物与场景画面关系更加协调，最终完成庭院景观鸟瞰效果图，如图 8-50 所示。

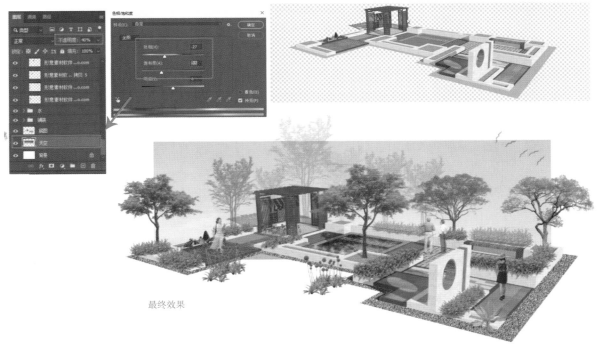

图 8-50　完成最终效果

微课：景观鸟瞰效果图1——SU导入PS

微课：景观鸟瞰效果图2——水景制作

微课：景观鸟瞰效果图3——铺装填充

微课：景观鸟瞰效果图4——植物制作

## ■ 油画与人物肖像的创意合成

人像合成需要考虑合成对象的共性特征、肤色和环境色的协调性，本实例借用人物肖像照片与油画肖像的混合对人像合成的一些技巧进行解析，效果如图 8-51 所示。

原图　　　　　　　　　　合成效果

图 8-51　人物肖像照片与油画肖像的混合实例

**步骤 1**　使用多边形套索工具将人物照片抠选并设定"羽化半径"为"15 像素"，将选区中的图像拖曳到背景中，使用"自由变换"命令调整图像的大小和位置，效果如图 8-52 所示。

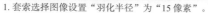

1. 套索选择图像设置"羽化半径"为"15 像素"。　　　　　2. 使用"自由变换"命令调整图像的大小与位置

图 8-52　调整合成素材的位置及大小

**步骤 2**　为图像添加图层蒙版，根据需要合成的区域使用画笔工具在蒙版上对细节进行遮挡，最终达到图像轮廓自然融合的效果，如图 8-53 所示。

图 8-53　根据需要合成的区域使用画笔工具在蒙版上涂抹

　　**步骤 3**　为图像添加"色彩平衡"调整图层，并创建红色图层，修改混合模式为"明度"，参考原图色温调整替换图像的色调平衡，效果如图 8-54 所示。

图 8-54　使用"明度"模式统一图像色调

　　**步骤 4**　为图像添加"可选颜色"和"曲线"调整图层，继续优化合成图像的色调与明暗关系，参数设置如图 8-55 所示。

图 8-55　使用"可选颜色"和"曲线"调整图层优化图像的色调与明暗关系

　　**步骤 5**　使用仿制图章工具为合成的图像从原画中复制一些油画细节，样本类型使用"当前和下方图层"并分别创建新的图层，继续给仿制出的细节添加蒙版使它们自然地与图像进行融合，为了方便管理这些图层可以建立一个图层文件夹，效果如图 8-56 所示。

图 8-56　使用"仿制图章工具"为图像复制一些油画效果的细节

　　**步骤 6**　从油画背景中选取一块底纹图像为合成的图像添加一些画布质感，执行"滤镜"→"锐化"命令，将画布颗粒适当强化，复制后将其混合模式设置为"滤色"模式，将该图层移动到人物的脸部区域，为合成图像添加蒙版进一步进行融合；再新建一个填充 50% 灰色的图层，设置混合模式为"叠加"，执行"滤镜"→"杂色"命令，最终效果如图 8-57 所示。

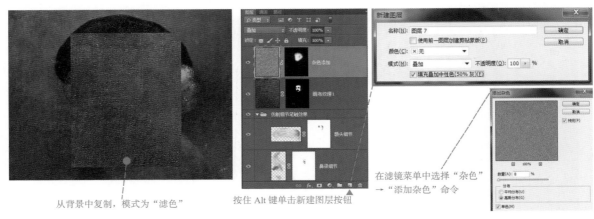

图 8-57　使用底纹图像为合成的图像添加一些画布质感

　　**步骤 7**　调整图像的整体明暗层次，新建一个填充 50% 灰色的图层，设置混合模式为"叠加"，使用加深工具和减淡工具对图像的明暗处进行适当涂抹，营造出合适的明暗关系，效果如图 8-58 所示。

图 8-58　调整图像的整体明暗层次

　　**步骤 8**　将当前可见图层向上合并并添加蒙版，将原图复制放在盖印图层下方，遮挡脸颊右侧上的部分纹理，继续优化细节。完成全部合成操作，效果如图 8-59 所示。

图 8-59　优化合成图像的细节

微课：图像合成
实例（1）

微课：图像合成
实例（2）

项目 **9**

PROJECT 9

# 事半功倍——掌握提升工作效率的一些技巧

**项目导读**

　　如果已经掌握了 Photoshop 软件的基本操作技巧，那么当面对图像后期处理任务及平面设计项目时还需要掌握 Photoshop 软件的操作小技巧，利用它们能够便捷地解决某些棘手的问题，可以有效提升工作效率，同时也能帮助读者在工作中感受图像处理的乐趣。

**学习目标**

　　1. 知识目标：了解智能对象、内容识别、计算命令、特殊滤镜等操作的特点。

　　2. 技能目标：能够灵活应用智能对象、图像计算等方式解决实际问题，能够熟练掌握相关快捷命令的使用，能够根据图像处理任务的需求，独立并高效地完成工作。

　　3. 素养目标：能够从设计师的角度去看待工作效率的重要性，能够自觉养成工作的效率意识。

# 9.1　提升工作效率的技巧

在 Photoshop 的菜单中隐藏着许多快捷命令，在面对一些图像处理的复杂问题时如果能有效地利用这些快捷命令，可能很快就能使这些难题迎刃而解。

## ■ 智能命令的应用

### 1. "智能对象"命令

Photoshop 中有一个十分强大的图像呈现方式——智能对象。它如同一个收纳"各类视觉元素"的容器，能够包含栅格或矢量图像（如 Photoshop 或 Illustrator 文件）中的图像数据的图层，它能保留图像的源内容及其所有原始特性，从而使图层执行非破坏性编辑（参数调整、大小缩放、位置旋转和变形等操作）。另外，还可以将图像的内容嵌入到 Photoshop 文档中，当源图像文件发生更改时，链接的智能对象的内容也会随之更新。

智能对象还具有如下优点。

（1）可以执行非破坏性变换，可以对图层进行缩放、旋转、斜切、扭曲、透视变换或使图层变形，而不会丢失原始图像数据或降低品质，不会影响原始数据，如图 9-1 所示。

（2）可以执行非破坏性应用滤镜，可以随时编辑应用于智能对象的滤镜。

（3）可以自动更新对链接图像的及时编辑效果。

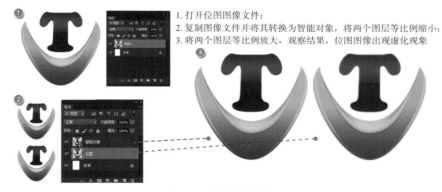

图 9-1　智能对象的应用

智能对象图层在当前图像中不可以直接进行编辑，双击图层中的智能对象，可以单独打开图像文件，对它的调整被保存后将会使智能对象图像发生变化。这一特性使它在图像合成时具有很大的优势，如图 9-2 所示。

图 9-2　智能对象在图像合成方面有较多便利

**步骤 1** 在背景图层上方创建一个透明图层，将其转变为"智能对象"，如图 9-3 所示。

新建一个空白图层，单击鼠标右键→转换为智能对象

图 9-3 使用"自由变换"命令将智能对象缩放与变形

**步骤 2** 使用"自由变换"命令和"变形"调整命令，将智能对象缩放并调整成具有表面弯曲效果的形态，如图 9-4 所示。

1. 使用"自由变换"命令，将智能对象缩放到合适的大小。

2. 选择"变形"命令，将智能对象上、下两个边缘上的调节控制点向下移动，为置入图像的区域编辑出向下弯曲的效果；最终确认调整结果

图 9-4 载入图片素材替换合成效果

**步骤 3** 双击智能对象图层，独立打开透明智能对象，将图案素材载入打开的智能对象，调整图案的位置与大小，保存当前文件（"Ctrl+S"组合键）。回到智能对象所在文件将图层的混合模式设置为"强光"模式，如图 9-5 所示。

1. 鼠标左键单击智能对象空白图层。

2. 进入新的图像窗口界面，将"图案"素材置入。

3. 执行"文件"→"存储"命令，保存当前效果。关闭新窗口，最终效果如图 9-2 所示

微课：智能对象的应用

图 9-5 为当前的智能对象添加一个"渐变映射"调整图层

**2. 内容识别功能**

修饰图像中较大面积缺陷与瑕疵时，Photoshop 中有两种比较智能的填充修复方式：一种是选择"编辑"→"填充"→"内容识别"命令；另一种是使用工具箱中的修补工具选择"内容识别"方式修饰图像。前者由系统默认选择填充采用颜色，后者可以自由选择取样区域及范围，两者的区别与填充效果如图 9-6、图 9-7 所示。

图 9-6　使用"填充"→"内容识别"命令修饰图像瑕疵

1. 使用修补工具选择需要修补的区域；
2. 选择修补类型为"内容识别"；
3. 将选区范围拖曳到周边的颜色区域，完成修补

图 9-7　使用工具箱中的修补工具选择"内容识别"方式修饰图像瑕疵

除能够识别填充与修饰颜色外，当对图像进行自由变换时还可以内容识别图像的比例关系，尤其是需要将图像的长宽重新定义时，这个命令可以利用 Alpha 通道保护特定的区域不受"变形"命令的影响，效果如图 9-8 所示。

图 9-8　使用"内容识别"命令中的图像比例关系扩展图像主体

步骤 1　将需要扩宽的图像拖曳进新建的文件中，进入图像的通道面板，复制蓝色通道，使用色阶命令中的黑色与白色吸管工具将主体图像调整为全黑、背景调整为全白。反相后得到名为"蓝拷贝"的通道选区，如图 9-9 所示。

图 9-9　使用通道图像获得图像主体轮廓

　　**步骤 2**　执行"编辑"→"内容识别比例"命令，在状态栏中的"保护"选项中选择通道中调整后得到的"蓝拷贝"通道，对图像进行拖曳拓宽，如图 9-10 所示。

微课：内容识别比例的应用

图 9-10　载入通道图像对主体轮廓进行变形"保护"

　　**3.**"批处理"命令

　　当需要对大量的图像文件调整明暗、饱和度及文件大小尺寸时，使用 Photoshop 的"批处理"命令无疑是最明智的选择。

　　**步骤 1**　将需要调整的图像文件保存在同一个文件夹中，另外再创建一个文件夹保存处理后的图像，使用 Photoshop 打开需要处理的任意一张图像，执行"窗口"→"动作"命令，在动作面板中新建动作文件，可对新建的动作文件重命名，如图 9-11 所示。

1. 创建两个文件夹；
2. 执行"窗口"→"动作"命令；
3. 新建一个动作并命名

图 9-11　在"窗口"菜单中勾选"动作"命令选项启用"动作"功能

**步骤 2** 对当前的图像执行"图像"→"调整"→"亮度/对比度"和"自然饱和度"等命令，继续执行"图像"→"图像大小"命令，将文档大小修改为宽度 12 厘米、高度 8 厘米，如图 9-12 所示。

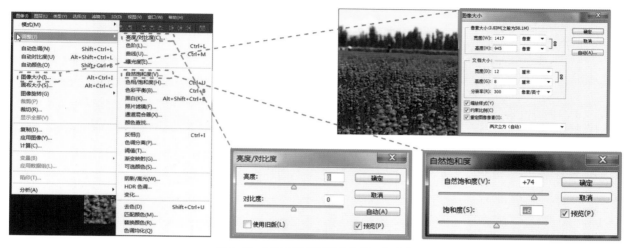

图 9-12 对图像进行调整并记录相关设置

**步骤 3** 将调整后的图像另存到新建的命名为"处理后文件"的文件夹中，关闭当前打开的图像，单击动作面板上的"停止播放/记录"按钮，在菜单中选择"文件"→"自动"→"批处理"命令，完成对大量图像的调整，具体设置如图 9-13 所示。

微课："批处理"
功能讲解

将调整的图像存储并关闭后结束动作记录

图 9-13 使用"文件"→"自动"→"批处理"命令

### 4."计算"命令

"计算"命令在选择中是一个非常重要的命令，它可以混合两个来自同一源图像或多个图像的单个通道，然后将结果应用到新图像、新通道或当前图像的选区中。通过"计算"命令配合画笔工具、加深工具与减淡工具"，可以快速获得抠选图像的通道，对于通道中的颜色信息，通过加深与提亮模式的计算，得到的品质要优于"色阶"命令强化黑、白对比的结果。"计算"面板各项介绍如图 9-14 所示。

**步骤 1** 在通道中复制明暗层次较突出的颜色通道，使用菜单中的"图像"→"计算"命令，对所复制出的通道图像进行明暗关系的运算，一般为了突出对比与细节选择"正片叠底"的混合模式，将计算出的结果继续计算 2~3 次，可以通过调整"不透明度"的数值修改混合强度，最终得到命名为"Alpha 4"的新的通道选区图像，如图 9-15 所示。

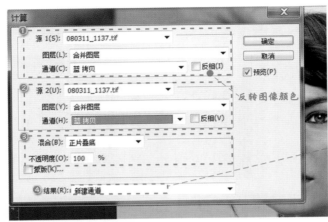

1. 参与计算的源文件通道 A；
2. 参与计算的源文件通道 B；
3. 计算图像通道使用的混合方式及强度；
4. 最终得到的新通道

计算的核心概念就是用 A 和 B 两个图像进行不同模式的混合产生图像 C。
选择的混合模式决定了最终的计算结果

图 9-14 "计算"命令的界面简介

图 9-15 使用"计算"命令对通道图像进行明暗关系的运算

步骤 2 对得到的图像使用加深工具和减淡工具强化细节并使用画笔工具将人物的脸部区域填充黑色，再将该通道使用"滤色"模式进行一次计算，得到较亮的背景和发丝的细节，最后将计算的结果进行"反相"，如图 9-16 所示。

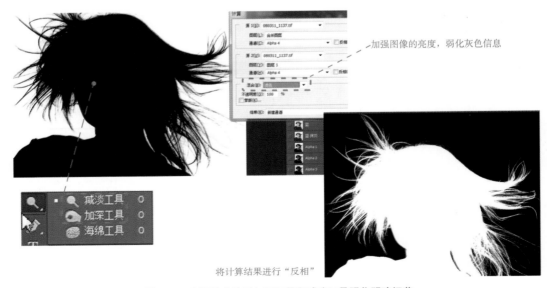

加强图像的亮度，弱化灰色信息

将计算结果进行"反相"

图 9-16 在通道中使用加深工具和减淡工具强化明暗细节

微课：应用"计算"命令快速获得较好品质的选区通道（1）

微课：应用"计算"命令快速获得较好品质的选区通道（2）

**5. 智能参考线对齐物件**

在 Photoshop 中除"移动"命令状态栏中的"对齐物件"选项外，在"视图"菜单的"显示"命令下还有一个更为方便的选项——"智能参考线"。选择该选项后可以在视图中将移动状态下的任意物件和其他物件进行对齐，尤其在制作 UI 界面设计与图文排版任务时，开启该辅助选项可以大大提高工作效率，其界面效果如图 9-17 所示。

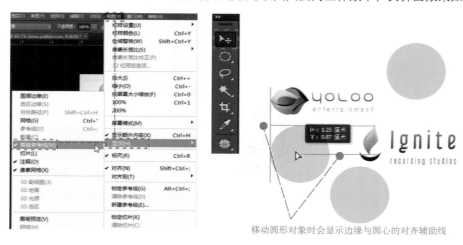

移动圆形对象时会显示边缘与圆心的对齐辅助线

图 9-17 开启"智能参考线"命令对齐物件

**6. 自由调整文本设置**

在 Photoshop 中输入文本后如需对每行的字符进行首尾对齐，或者将字符的间距进行调整，可以进入文字调整面板进行相应的设置。但是，这些参数的设置不太直观，调整起来不方便。如果使用 Alt 键配合键盘上的左右移动键，就可以很快得到理想的调整结果，如图 9-18 所示。

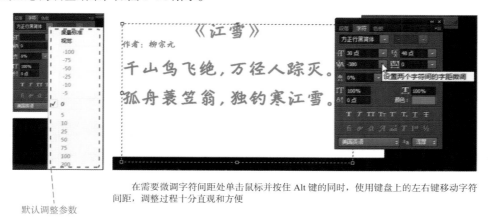

默认调整参数

在需要微调字符间距处单击鼠标并按住 Alt 键的同时，使用键盘上的左右键移动字符间距，调整过程十分直观和方便

图 9-18 自由调整文本设置的简介

除了对字间距进行调整外，还可以使用 Alt 键配合键盘上的上下移动键调节文本的行间距，也可以使用"Ctrl+Shift+<"和"Ctrl+Shift+>"组合键将所选文本的文字大小减小或增大 1 个像素，如配合"Ctrl+Shift+Alt+<"和"Ctrl+Shift+Alt+>"组合键，则能够将所选文本的文字大小减小或增大 5 个像素。

## ■ 常用组合键的梳理

如何提升我们的工作效率？除需要熟练掌握软件的操作与应用技巧外，还需要将各种下拉菜单中的命令以组合键的方式进行使用，下面所介绍的多个组合键能够进一步提升我们的工作效率，同时也是提升软件应用能力所必须掌握的知识。

**1. 盖印可见图层（"Ctrl+Shift+Alt+E"组合键）**

在处理多个图层的图像时，常常会面临需要把当前的图像效果合并或拼合，才能继续下面的操作的情况。这就需要使用盖印功能，该功能和合并图层差不多，就是将所有图层拼合后变成当前图层。但是依然保留了前面的各图层，这样做的好处就是，如果觉得之前处理的效果不太满意，可以删除盖印图层，之前做的所有效果图层依然存在，这为图片的后期处理提供了较大的灵活度，这个操作几乎在每一个图像处理案例中都会使用。

**2. 快捷选择鼠标所指的图像（在"移动"命令状态下按Ctrl键）**

当需要将多个图层中的某一图层选中时，可以使用鼠标右键单击该图像，系统会提示当前所选择图层的名称并形成一个图层名称下拉序列表，图像有重叠时常常会出现误选择的现象。如果在"移动"命令状态下按住 Ctrl 键，直接单击所选图像，那么在图层的缩略图菜单中就会进入该图层，并实现对单击图像的选择。当选择的图层被向上合并的图层完全遮盖或图像重叠时，那么此命令只能选择最上层包含该区域的物件。此时，不建议使用该快捷键选择方式。快捷选择鼠标所指的图像如图 9-19 所示。

图 9-19 快捷选择鼠标所指的图像

**3. 多次变换并复制（"Ctrl+Shift+T"组合键）**

将需要变换的图像载入选区并变换它的大小、位置和旋转角度等，还可以根据需要设置变换对象的中心点位置，在激活选区的状态下使用"Ctrl+Shift+Alt+T"组合键重复前次变换操作，反复使用组合键就能不断复制图像，得到一个新的有韵律感与对称效果的图像，效果如图 9-20 所示。

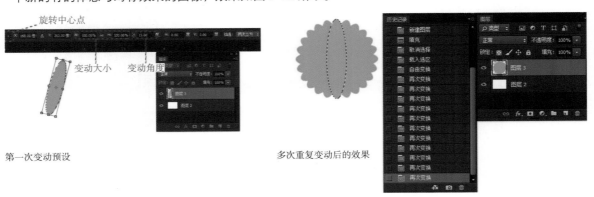

图 9-20 "再次变换"命令简介

**4. 将路径转换为选区（"Ctrl+Enter"组合键）**

创建的工作路径可以在"路径"面板中单击"将路径作为选区载入"按钮获得需要的选区，如直接使用快捷键 Ctrl+Enter，则能够更为简洁地完成该项操作。

**5. 隐藏选区与路径（"Ctrl+H"组合键）**

从通道中载入选区编辑图像时如遇到过于密集的选区"蚂蚁线"，可以通过隐藏选区的组合键操作来净化视图，当然，隐藏后一定要注意此时所有对图像的"编辑"命令只对选区中的图像有效，如果要退出该状态，可以取消选区（"Ctrl+D"组合键）结束对视图范围的限制。

当绘制完成工作路径后，路径线常常会出现在图层视图中，如果使用"自由变换"命令编辑图像，常会优先将路径作为命令的执行对象影响当前的操作。面对这种情况可以使用"隐藏路径"命令把路径放置回路径界面，这样就能避免在操作中产生一些麻烦。

**6. 快速保存文件（"Ctrl+S"组合键）**

虽然 Photoshop 在预设选项中提供了后台自动保存的设置，但是仍然需要时刻关注对图像制作文件的保存。相信读者都不愿意看到努力一天的心血被意外的状况化为乌有，所以，请养成时刻保存的好习惯。

**7. 图像调整菜单中的常用组合键**

（1）调整色阶：Ctrl+L。

（2）自动调整色阶：Ctrl+Shift+L。

（3）打开曲线调整对话框：Ctrl+M。

（4）打开"色彩平衡"对话框：Ctrl+B。

（5）打开"色相/饱和度"对话框：Ctrl+U。

（6）"反相"命令：Ctrl+I。

必须牢记的常用组合键汇总一览图，如图 9-21 所示。

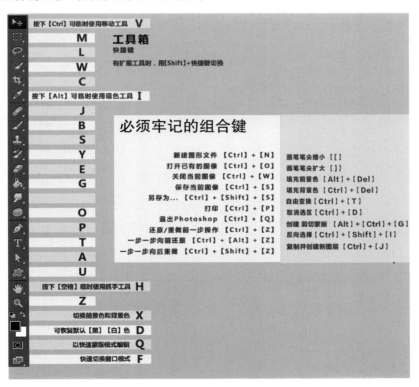

图 9-21　必须牢记的常用组合键汇总一览图

### ■ 特殊效果滤镜的应用

**1. 将色彩图片转换为线稿图**

在矢量图软件中可以通过"实时描摹"将彩色图片转换为线稿效果，在 Photoshop 中也可以利用"滤镜"命令将彩色图片转换为具有手绘特征的线稿图，如图 9-22 所示。

图 9-22　将彩色图片转换为线稿图实例展示

**步骤 1**　在"图层"面板中为图像添加一个"黑白"调整层命令，设置图像黑白后的明暗对比效果，适当提高主体图像的整体亮度，具体设置如图 9-23 所示。

图 9-23　使用"黑白"命令对图像去色

**步骤 2**　向上盖印"黑白"图像效果，在"滤镜"菜单中选择"风格化"→"查找边缘"命令，或选择"其他"→"最小值"命令，将"半径"设置为"1 像素"，再选择"图像"→"调整"→"色阶"命令，用白色吸管确定画面的白场，提高图像对比度，具体设置如图 9-24 所示。

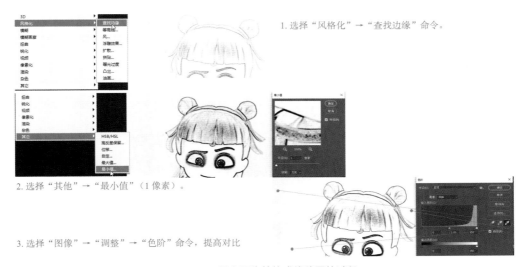

1. 选择"风格化"→"查找边缘"命令。

2. 选择"其他"→"最小值"（1 像素）。

3. 选择"图像"→"调整"→"色阶"命令，提高对比

图 9-24　黑白图像转换成线稿图的过程

**2. 使用滤镜中的"消失点"命令修补带有透视效果的图像**

工具箱中的修饰工具与仿制图章工具能够很轻松地修饰图像中的瑕疵与缺陷，但是当面对图像需要修饰的区域在具有透视效果的平面纹理上时，它们就有些力不从心了，小修小补的处理手法很难使图像中细小的纹理条纹在透视效果下合理地被填补，这就需要使用滤镜中的"消失点"命令，效果如图 9-25 所示。

原图

图 9-25　使用滤镜中的"消失点"命令修补带有透视效果的图像

步骤 1　复制原图，选择"滤镜"→"消失点"命令，进入消失点滤镜界面，根据图像的平面透视关系，创建一个网格平面，如图 9-26 所示。

1. 透视网格变动工具；
2. 创建透视网格变动工具；
3. 创建透视网格中的选区工具；
4. 仿制透视网格中的图像工具

图 9-26　创建一个网格平面

步骤 2　使用透视网格变动工具将创建的网格平面拓展到更大的范围，再使用网格选区工具框选一个选区作为覆盖图像的图像源，按住 Alt 键拖曳选区，可以将框选的图像沿着透视的网格进行复制，图像会自动产生透视变化，如图 9-27 所示。

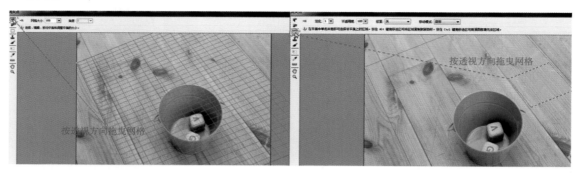

图 9-27　设置图像的透视变化

步骤 3　使用仿制图章工具按住 Alt 键单击覆盖得到的图像边缘处，对衔接图像的边缘线进行融合，根据图像的效果适当降低不透明度，修改完成后单击"确定"按钮，结束滤镜界面中的操作，如仍有细节上的缺陷，可以继续使用工具箱中的仿制图章工具进一步修饰，如图 9-28 所示。

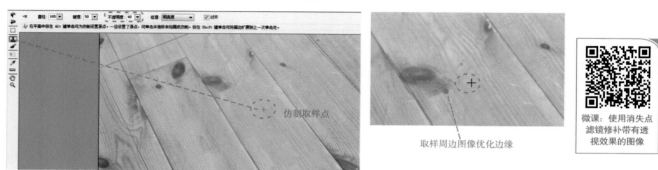

微课：使用消失点滤镜修补带有透视效果的图像

图 9-28　使用工具箱中的仿制图章工具修饰图像瑕疵

■ 拓展案例

补充实例 1：置换滤镜和极坐标滤镜的应用。

微课：置换滤镜和极坐标滤镜的应用

补充实例 2：扭曲、滤镜库、蒙尘与划痕滤镜的应用。

微课：蒙尘与划痕

微课：扭曲、滤镜库

# 9.2　课中测：综合能力基础知识小测验

各种滤镜在图像处理中能够快速实现预期效果，尤其是在进行海报制作和图形创意时，需要充分利用这些滤镜。

"1+X" 数字影
像处理职业技能
等级认证考试模
拟题

# 9.3　实训任务

■ "铁观音"茶叶包装设计实例解析

在 "1+X" 数字影像处理职业技能等级证书（中级）考核中涉及 "电商广告图像处理" 和 "包装盒图像处理" 两个任务。本实例涵盖了广告展示与产品包装制作两个方面的内容，较细致地为读者解析了这些方面可能会遇到的难点，实例最终效果如图 9-29 所示。

图 9-29　茶叶包装盒的标贴设计实例效果展示

步骤 1　新建一个 27.5 厘米 ×25.5 厘米、300 像素／英寸、颜色模式为 RGB 的文件，为创建的背景填充颜色（R145/G128/B77）；新建图层使用渐变填充工具，选择 "径向填充" 的方式填充颜色，填充强度为 65%；为渐变填充层添加一个 "色相／饱和度" 调整层并使用蒙版将图像的底部颜色偏暖一些，如图 9-30 所示。

图 9-30　使用渐变填充工具绘制背景图像

**步骤 2**　添加一张茶园素材图像，将其转换为智能对象，混合模式设置为"正片叠底"，填充强度为 70%，为其添加一个遮挡蒙版对边缘进行融合，如图 9-31 所示。

图 9-31　为背景添加一张茶园素材图像

**步骤 3**　为所有可见图层添加一个"曲线"调整图层，可提高当前可见效果的整体亮度。新建填充 50% 灰的图层，设置混合模式为"叠加"，执行"滤镜"→"杂色"→"添加杂色"命令，为当前图层营造一些表面的纹理效果，如图 9-32 所示。

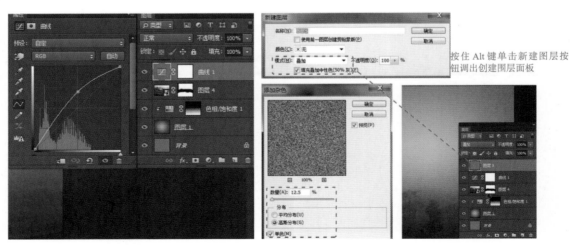

图 9-32　为当前图层添加"滤镜"→"杂色"效果

**步骤 4**　新建一图层，填充黑色并将该图层转换为智能对象，选择"滤镜"→"渲染"→"光照效果"命令，将得到的效果图像层混合模式改为"滤色"，单击智能对象下的"光照效果"进一步修改光照位置，效果如图 9-33 所示。

图 9-33　选择"滤镜"→"渲染"→"光照效果"命令为背景添加光效

　　步骤 5　添加一张纹理素材图像，将其复制并列放置在图像的底部，为纹理图像添加"颜色填充"调整图层，颜色为 R115/G108/B100，效果如图 9-34 所示。

图 9-34　添加纹理效果

　　步骤 6　继续添加一张纹理素材图像，使用"自由变换"命令调整其大小及位置，在蒙版中创建一个圆形选区并设置蒙版选区的羽化值为"40 像素"，如图 9-35 所示。

图 9-35　继续添加一张纹理素材图像

　　步骤 7　打开素材文件，将图像中的观音画像主体区域创建一个椭圆形选区并将"羽化半径"设置为"20 像素"。将选区中的图像复制创建后拖曳到带有羽化选框蒙版的纹理图像上方，调整大小并将两张纹理图像和背景图像"水平居中对齐"，为置入的图案素材图层单独添加一个"色彩平衡"调整图层，如图 9-36 所示。

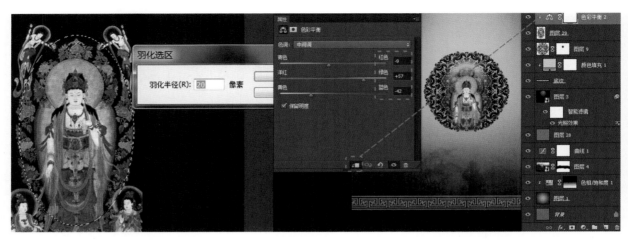

图 9-36　对纹理图像的素材进行调整

　　**步骤 8**　进一步融合色彩关系，再为所有可见图层添加一个"色彩平衡"调整图层，将整体色调由黄绿调整为红绿，将茶园图像的区域使用蒙版图层进行遮挡，如图 9-37 所示。

图 9-37　使用"渐变效果"并用蒙版对纹理图像的色调进行调整

　　**步骤 9**　将云纹的素材图像置入文件，调整大小和位置并将混合模式设置为"正片叠底"，如图 9-38 所示。

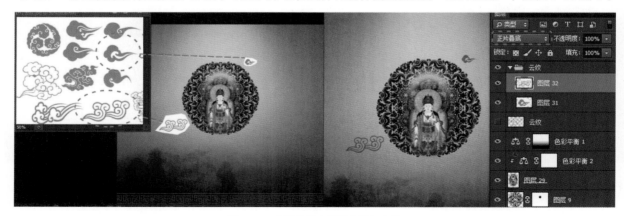

图 9-38　将云纹的素材图像置入文件

　　**步骤 10**　输入产品文字说明、企业名称和相关文字，将所有新建图层置入图层文件夹并将所有图层按照"水平居中对齐"，如图 9-39 所示。

图 9-39　输入产品文字说明、企业名称等相关文字信息

**步骤 11**　将文字素材置入文件，调整文字的位置与大小关系，如图 9-40 所示。

图 9-40　载入文字素材

**步骤 12**　向上合并可见图层，将得到的图像放置到立体效果图展示素材文件中，为每个需要展示的图像区域创建一个"智能对象"图层，调整图像的位置和效果，最终展示效果如图 9-41 所示。

图 9-41　调整最终效果

微课：茶叶包装
绘制（1）

微课：茶叶包装
绘制（2）

微课：茶叶包装
绘制（3）

# 项目 **10**

PROJECT 10

## 设计师的成长之路——各类设计案例解析

### 项目导读

　　一名合格的设计师需要具有图形设计能力、图文编排能力、海报创意设计能力、界面设计和交互思维能力，以及沟通表达能力和团队协作能力，利用这些隐性能力通过某些软件实操去输出设计方案。本项目选取了一些具有代表性的设计案例，希望通过这些案例的解析为读者提供一些有助于成长的经验。

### 学习目标

　　1. 知识目标：掌握多平面设计项目的主要流程、图像素材的管理、图像抠选、色调调整的基本思路。
　　2. 技能目标：能够灵活应用平面构成的审美法则布局画面，能够熟练掌握软件的操作技巧；能够根据图像处理任务的需求，独立并高效地完成工作。
　　3. 素养目标：增强个人审美能力，在日常生活中积累将文案转换为图形的相关知识，增强版面层级关系的梳理意识。

# 10.1 庭院景观平面效果图的制作案例解析

## ■ 任务分析

**1. 任务来源**

本任务来源于职业院校技能大赛——园林景观设计赛项，该赛项要求运用 Photoshop 完成庭院景观设计中的方案设计部分——平面图和鸟瞰图，参赛规程如图 10-1 所示。

**2. 任务要求**

使用 Photoshop 绘制一张庭院景观彩色平面图，最终效果如图 10-2 所示。

图 10-1 职业院校技能大赛（高职组）园林景观设计赛项规程

图 10-2 庭院景观平面效果图展示

## ■ 任务实施

**步骤 1** 打开 AutoCAD，进入其工作界面，打开名为"庭院景观平面布置图 .dwg"文件。单击图层下拉菜单，分别关闭植物图层、铺装填充图层、灌木填充图层、地形线图层等，只使用设计层。选择"文件"→"打印"（"Ctrl+P"组合键）命令，弹出"打印 - 模型"对话框，进行图 10-3 所示的设置。

**步骤 2** 单击"预览"按钮查看打印效果，单击鼠标右键，选择"打印"，在弹出的对话框中指定文件保存的位置和文件名，文件名为"设计线框"，即可完成"设计线框"图层的打印。打开 Photoshop 软件，双击空白区域打开刚才打印好的"设计线框 .pdf"文件，弹出"导入 PDF"对话框，设置"分辨率"为"200 像素 / 英寸"，设置"模式"为"RGB 颜色"，其他采用默认的设置，如图 10-4 所示。

**步骤 3** 新建一个"白底"图层，将其填充为白色，将"设计线框"图层移到"白底"图层上方，选择"设计线框"图层，使用"自由变换"命令将图形进行自由变换，按住 Ctrl+Alt 键，用鼠标左键拖曳应用变换框的四个角的任意一角，将"设计线框"图层向中心缩小，使设计素材合理布局，效果如图 10-5 所示。

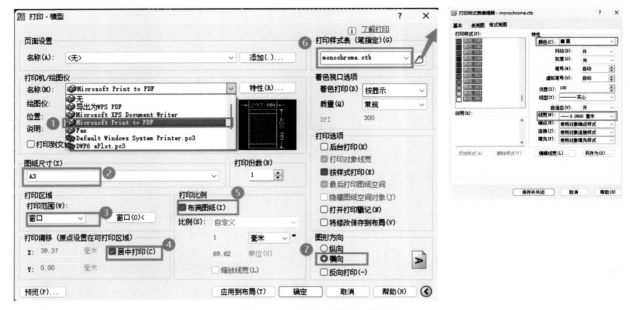

图 10-3　"打印 – 模型"对话框

图 10-4　"导入 PDF"对话框设置

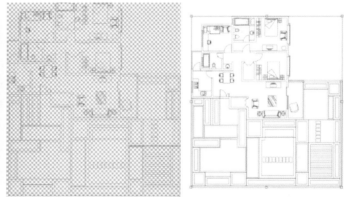

图 10-5　设置图像素材布局

 **知识拓展**

CAD打印样式表设置为"monochrome.ctb"时，打印效果为黑色的线稿图；设置为"None"时，打印效果为彩色的线稿图。

如果CAD设计图纸中植物、铺装填充等都已经绘制完成，CAD 文件必须分图层管理好，方便后期导图时对不同的图层进行多次打印输出。

**1. 制作草地效果**

步骤 4　选择"设计线框"图层，将图形进行旋转，单击鼠标右键，在弹出的菜单中选择"旋转90°（逆时针）"。新建一个"草地"图层，设置深浅不同的两种绿色，颜色前景色（R227/G223/B173），背景色（R151/G181/B93），单击工具面板上的"渐变工具"按钮（G），选择"径向渐变"样式，对所选择的草地区域由中心向外拖动鼠标实施颜色渐变填充，效果如图 10-6 所示。

步骤 5　执行菜单中的"滤镜"→"杂色"→"添加杂色"命令，在弹出的"添加杂色"对话框中将数量设置为 12%，分布为"平均分布"，同时勾选"单色"复选框，设置完毕后单击"确认"按钮，如图 10-7 所示。

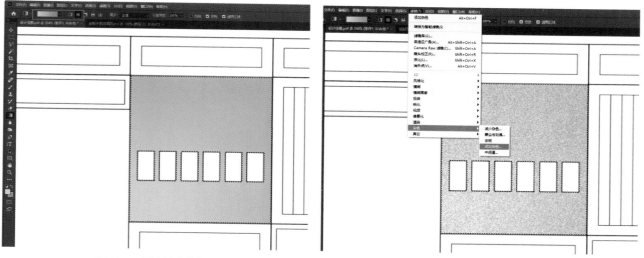

图 10-6　渐变填充草坪　　　　　　　　　　图 10-7　草坪添加杂色滤镜

**2. 制作水景效果**

步骤 6　单击工具面板上的"魔棒选择"按钮（W 键），在"设计线框"图层，选中"水景区域"，重新建立两个新的图层——"水景 1"和"水景 2"。设置前景色（R94/G176/B175）和背景色（R26/G03/B148）。使用渐变工具（G 键），对所选择的水体区域多次拖动鼠标实施颜色渐变填充，效果如图 10-8 所示。

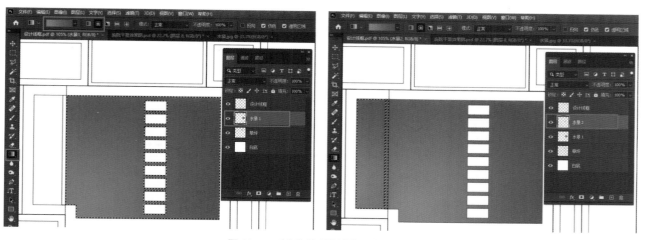

图 10-8　对水体景观区域绘制渐变效果

步骤 7　对"水景 1"和"水景 2"图层分别设置一个"内阴影"图层样式，设置"角度"为"145°"，"距离"为"18 像素"，"阻塞"为"27%"，"大小"为"21 像素"，模拟向下凹陷的水池阴影效果，效果如图 10-9 所示。

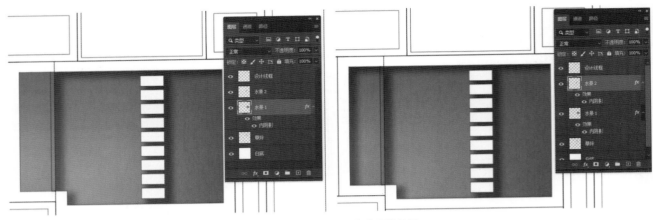

图 10-9　为水景区域添加内阴影效果

　知识拓展

　　高出地面的元素要制作"投影"效果，低于地面的元素要制作"内阴影"效果。阴影的距离和元素的高低有关系，高度越高，阴影的距离就越大，阴影的大小和元素边界有关。

　　步骤 8　为水池添加"水波纹"效果。首先打开"水纹 .jpg"素材图片，选中水体区域，选择菜单"编辑"→"贴入"命令将水纹贴图粘贴于水体区域内，使用"自由变换"命令调整水波纹理位置。然后将"水纹"图层的不透明度调整为 30%，淡化水纹，显示出底层的渐变填充图层，水纹与渐变色效果融为一体，得到图 10-10 所示的效果，最后将"水纹"图层和"水景 1""水景 2"图层合并为"水"图层。

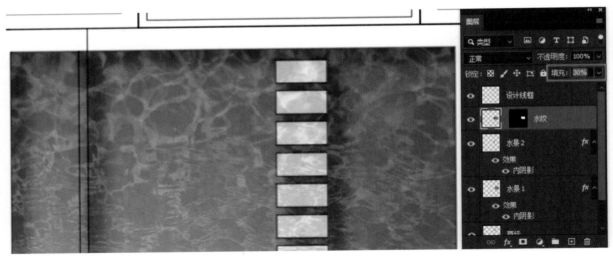

图 10-10　制作水景表面的"水波纹"效果

　　步骤 9　运用画笔工具绘制水景中的喷泉效果。新建"喷泉"图层，选择画笔工具，在"画笔设置"面板中"选择 16 号类似喷溅效果的画笔"，调整画笔"大小为 60 像素"，"间距"为"169%"，画笔"不透明度"为"50%"，"流量"为"70%"，前景色设置为白色，用画笔工具在喷泉所在位置多次点涂，再调整画笔的"大小"为"37 像素"，不透明度为"85%"，"流量"为"90%"，在原来的喷泉位置再次多次点涂，效果如图 10-11 所示。

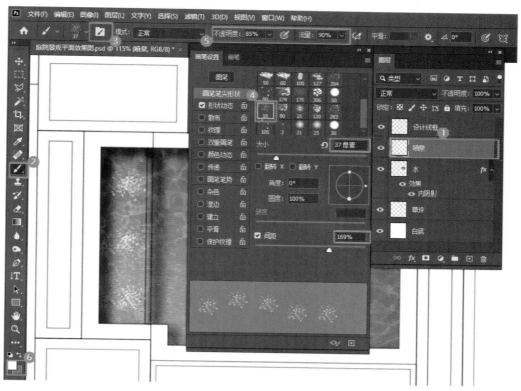

图 10-11　绘制喷泉效果

　　**步骤 10**　运用画笔工具绘制水景中的跌水瀑布。新建"跌水"图层，用喷泉效果的画笔设置方法和绘制方法在跌水位置绘制跌水，绘制完成后，将"跌水"图层的"不透明度"调整为"65%"，并将"跌水"和"喷泉"图层顺序调整到"设计线框"图层上方，效果如图 10-12 所示。

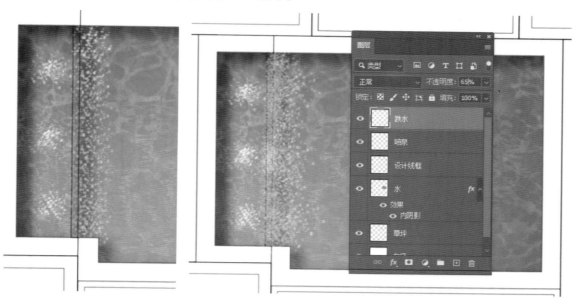

图 10-12　跌水效果图

　　**步骤 11**　选择"水"图层，执行菜单栏中的"滤镜"→"渲染"→"镜头光晕"命令，在弹出的"镜头光晕"对话框中，调整"亮度"为"80"，选择镜头类型为"50-300 毫米变焦"，并在预览框中调整"光晕中心"的位置，为水面添加光线反射效果，面板设置如图 10-13 所示。

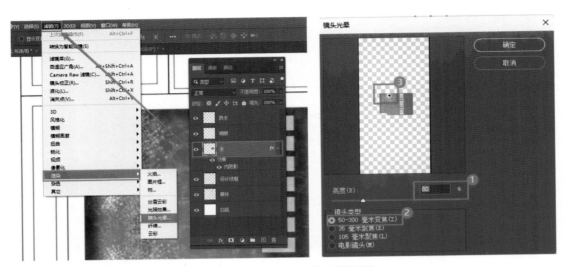

图 10-13　水面"镜头光晕"面板设置

**3. 制作装饰材料铺装效果**

装饰材料铺装效果的制作方法与水面波纹的设置比较类似，按照图 10-14 的顺序在不同的区域内进行铺装效果的制作。这里以"木平台"装饰的铺装为例，详细讲解在规定选区范围内对图像区域的纹理制作方法。

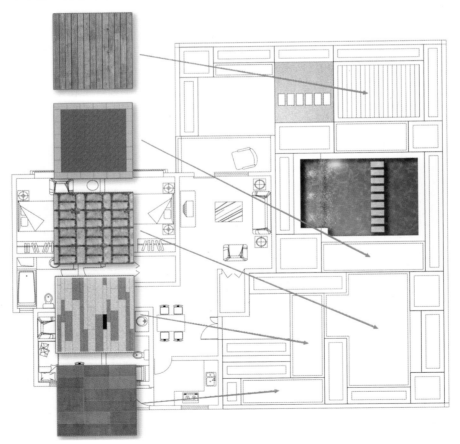

图 10-14　各类装饰材料铺装意向图

**步骤 12**　打开铺装素材——"木纹"素材，在"设计线框"图层中选中木平台铺装区域，执行"编辑"→"选择性粘贴"→"贴入"命令,将"木纹"素材贴入木平台区域,将自动生成的图层命名为"木平台",如图 10-15 所示。

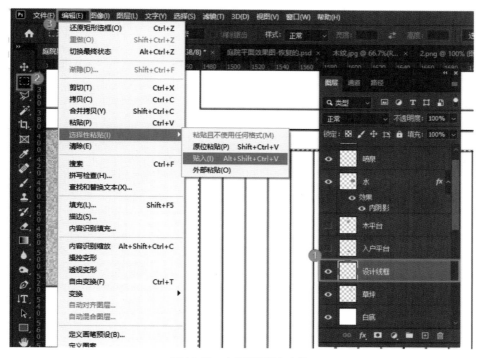

图 10-15  木纹素材贴入方法

**步骤 13**  使用"自由变换"命令调整"木纹"素材大小,按住 Shift 键等比例缩放图像素材,在移动工具状态下,继续按住 Alt 键,将"木纹"素材移动复制,最终实现对"木平台"区域的铺装,效果如图 10-16 所示。

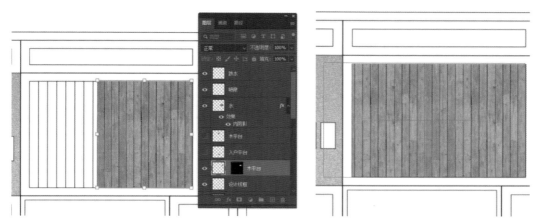

图 10-16  木纹素材铺贴调整

**步骤 14**  采用相同的方法,依次将其他装饰纹理铺装到效果图中,最终完成效果如图 10-17 所示。

**4. 制作花坛和建筑小品**

**步骤 15**  打开"灌木"和"花卉"素材图片,采用铺装制作的置入法,完成灌木和花卉图片的贴入。单击"设计线框"图层,使用魔棒工具选中所有花坛边区域,新建"花坛边"图层,使用前景色(R204/G204/B204)对花坛边选区进行填充("Alt+Delete"组合键),填充后在菜单栏选择"滤镜"→"杂色"→"添加杂色"命令,设置添加杂色 5 面板中的数量为 12.5%,选择"平均分布"选项,勾选"单色"复选框,单击"确定"按钮,最终完成效果如图 10-18 所示。

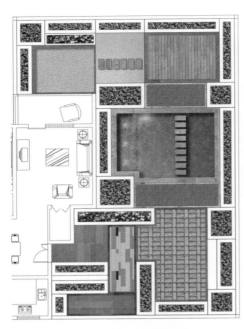

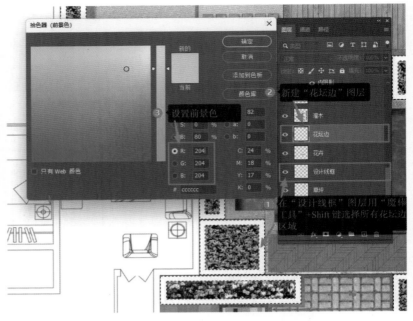

图 10-17　所有装饰材料铺装完成最终效果　　　　图 10-18　绘制花坛边缘选区并添加"杂色"效果

　　步骤 16　将"灌木""花卉""花坛边"图层的顺序移动到图层列表最上方，选择"花坛边"图层，添加"投影"图层样式，设置"投影"样式面板中的"距离"为"15 像素"，"扩展"为"24 像素"，"大小"为"10 像素"。继续打开"亭子 .psd"素材文件，将其调整到合适的位置，并为"亭子"图层添加"投影"样式，效果如图 10-19所示。

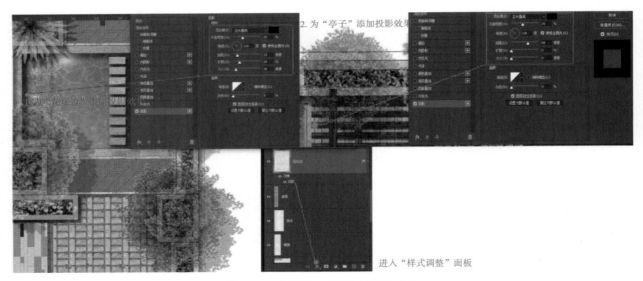

图 10-19　为图像素材设置投影图层样式

　　步骤 17　打开"景墙 .jpg"素材图片，将"景墙"素材导入，调整素材文件位置与大小，执行"图像"→"调整"→"色阶"命令，调整"景墙"对比度，继续为"景墙"制作投影效果，在"设计线框"图层，选择景墙区域，新建一个"景墙阴影"图层，将其填充为黑色，将"景墙阴影"图层置于"景墙"图层上方，选择移动工具，在移动状态下，按住 Alt 键，交替按向右键和向下键，复制阴影图层，直到阴影方向和大小达到满意程度为止，移动"景墙阴影"图层到"景墙"图层下方，同时调整图层的"不透明度"为"60%"，效果如图 10-20 所示。

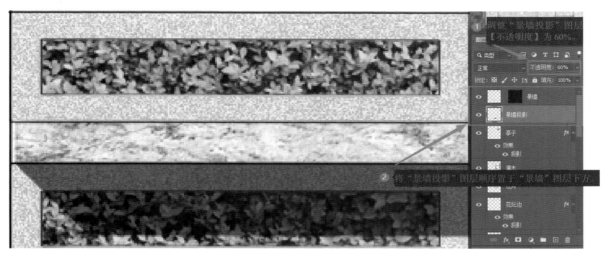

图 10-20　景墙投影完成效果

步骤 18　打开"木纹 .jpg"素材文件，使用置入法将木纹素材贴入座椅所在区域，将"座椅"图层顺序拖到"花坛边"图层下方，使花坛边投影效果显现在座椅上，效果如图 10-21 所示。

**5. 制作绿色植物效果**

步骤 19　使用"乔木"素材，置入文件中，使用"自由变换"命令，调整乔木位置与大小，将"乔木 1"图层的"不透明度"调整为"60%"，显现出底层灌木、花坛、铺装，增添画面的通透感和层次感，如图 10-22 所示。

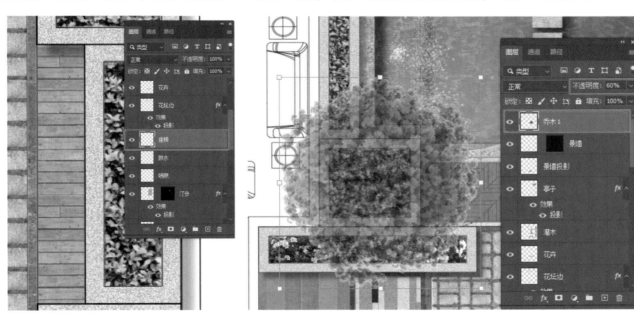

图 10-21　调整座椅纹理及光影关系　　　　　　　图 10-22　调整"乔木 1"图层不透明度

步骤 20　将"乔木 1"图层置于图层面板最上方，为其添加"图层样式"→"投影"命令，"投影面板"参数设置如图 10-23 所示，按照"乔木 1"的制作办法，完成整个庭院的植物布置，并完成平面布置效果图的文字标注，最终效果如图 10-2 所示。

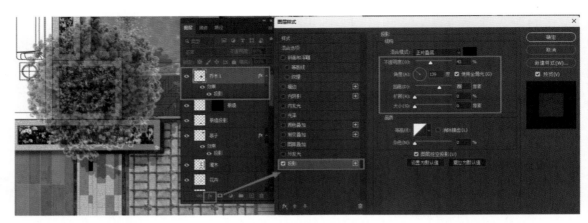

图 10-23　"乔木 1"图层投影效果

微课：景观平面
效果图 1——CAD
图纸导入 PS

微课：景观平面
效果图 2——水体
制作

微课：景观平面
效果图 3——铺装
制作

微课：景观平面
效果图 4——汀步
和收边石制作

微课：景观平面
效果图 5——花坛
和灌木

微课：景观平面
效果图 6——建筑
小品

微课：景观平面
效果图 7——乔木

# 10.2　工笔古风艺术风格调色案例解析

## ■ 任务分析

**1. 任务来源**

"1+X"数字影像处理职业技能等级证书（中级）评价中涉及了"写真图像处理"的能力考核。本任务所选取的"工笔古风艺术风格调色案例"较全面地解析了相关写真艺术风格的一些呈现技巧，对完成不同艺术风格的后期制作具有一定的借鉴性。

**2. 任务要求**

工笔人物画风格的影像效果较好地展现了人物气质和文化内涵，深受人们的喜爱，也成了当下较流行的一种艺术照风格。该艺术风格具有以下三个特点：①画面要体现出一定的线条勾描的效果，这个是工笔画风格的关键；②色彩以中国画固有的淡雅色为主，一般设色比较明快，灰色调有较统一的画面形式；③具有强烈的平面感，工笔画中从构图、线条、设色到形象的细部处理都带有明显的装饰性。了解这些特征后，就需要在图像的后期调整中针对这些特点进行艺术风格的处理，实例效果如图 10-24 所示。

## ■ 任务实施

**步骤 1** 将素材图像打开，使用 Camera Raw 对图像进行适当调整，提高图像的亮度，减弱图像的饱和度。使用快速选择工具获得人物背景的选区，反相选择后（"Ctrl+Shift+I"组合键）再配合钢笔工具将细节部分进行加选和减选【将路径转换为选区（"Ctrl+Enter"组合键），加选（"Ctrl+Shift+Enter"组合键），减选（"Ctrl+Alt+Enter"组合键）】，在套选工具命令状态下使用"调整边缘"命令去除人物背景，效果如图 10-25、图 10-26 所示。

（a）　　　　　　　　（b）

图 10-24　工笔古风艺术性风格的图像效果展示

（a）原图；（b）最终效果

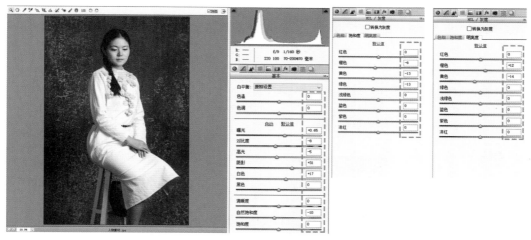

图 10-25　使用 Camera Raw 对图像进行适当调整

1. 使用钢笔工具优化选区；

2. 在选区工具状态下，使用"调整边缘"命令

图 10-26　使用"调整边缘"命令抠选人物图像

**步骤 2** 为去除背景的图像添加一个白色背景图层，复制人物素材图层，为该图层新建"黑白"调整图层，效果如图 10-27 所示。

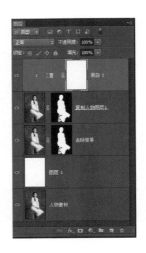

图 10-27　为图像新建"黑白"调整图层

　　步骤 3　隐藏背景向上盖印（"Ctrl+Shift+Alt+E"组合键）当前效果，将得到的新图层复制一份（暂时关闭其可见性），将盖印效果图层的混合模式改为"颜色减淡"，随后对该图层执行"反相"命令，再对"反相"后的图层执行"滤镜"→"其他"→"最小值"命令，将"半径"设置为"1"，得到具有线描效果的图像，效果如图 10-28 所示。

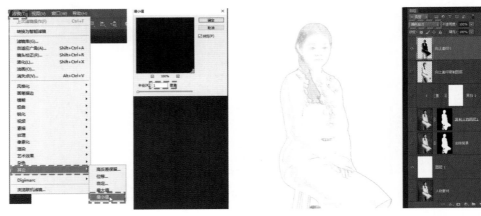

图 10-28　执行"滤镜"→"其他"→"最小值"命令

　　步骤 4　将两个黑白效果的盖印图层向下合并（"Ctrl+E"组合键），并将合并后的图层混合模式改为"柔光"，与去除背景的彩色人物图像进行混合后，即可得到模拟工笔人物画的人像效果，效果如图 10-29 所示。

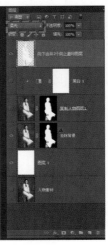

图 10-29　去除背景的彩色人物图像向下进行颜色的混合

步骤 5　打开素材，添加"宣纸素材"图片，将添加的纸纹图层模式设为"正片叠底"。这样，工笔人物画的图片效果就出现了，效果如图 10-30 所示。

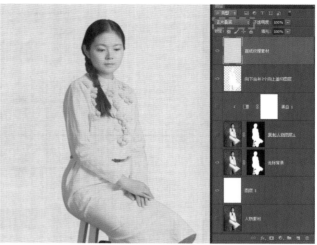

图 10-30　添加"宣纸素材"调整混合模式

步骤 6　为了丰富画面气氛，可以添加背景图形和文字，将其他素材做适当添加和调整。对于添加素材的大小，可以通过"自由变换"命令进行修改和调整。添加时，需要注意人物和背景的前后关系，通过拖动图层的上下位置来调整。需要注意的是，背景和添加的点缀素材不能太强，有时还需要通过降低不透明度的方式来适当减弱。添加书法文字时，字体有背景色，可以通过更改混合模式为"点光"去除底色，最终效果如图 10-31 所示。

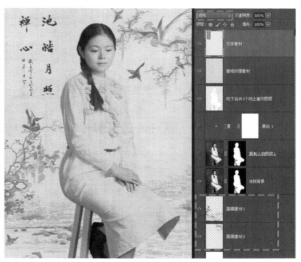

图 10-31　将其他素材适当添加并调整

微课：工笔古风<br>艺术性风格的<br>图像调整技巧

微课：去除人物
背景

微课：调整颜色

微课：火球绘制

微课：人物色调
调整

微课：文字效果
制作

微课：整体气氛
营造

# 10.3 "中国风"书籍装帧设计实例解析

## ■ 任务分析

### 1. 任务来源

书籍装帧设计是视觉传达设计领域中比较重要的一个方向。在各类平面设计任务中，书籍装帧设计比较全面地涵盖了图文编辑的各类要素，通过对该实例的学习有助于培养设计从业人员的设计规范意识和全局思维意识。

### 2. 任务要求

书籍装帧设计图需要完整地制作出书籍的封面、封底、书脊、前勒口、后勒口，想要更完善的还可以制作配套书签和腰封，为了使所有的部位设计元素统一，建议同步制作后，再进行分解，书籍的尺寸也要尽量按照市面上的常规书籍大小来制作。本任务选择的"中国风"书籍装帧设计实例使用了一个 16 开本的常见书籍尺寸，最终效果如图 10-32、图 10-33 所示。

图 10-32 书籍封面展示效果

后勒口　　　　　　　　　　封底　　　　　　　　　　书脊　　　　　　　　　　封面　　　　　　　　　　前勒口

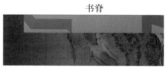

书签

腰封

图 10-33　书籍封面、书签、腰封展示效果

## ■ 任务实施

### 1. 制作书籍装帧底图

步骤 1　在 Photoshop 中设置图纸的宽度为 600、高度为 500、分辨率为 200 像素 / 英寸，文件名为"书籍装帧"。打开标尺工具（"Ctrl+R"组合键），根据 16 K 精装书籍大小来设置标尺线，具体为"后勒口"宽度为 50 毫米、"封底"宽度为 210 毫米、"书脊"宽度为 40 毫米、"封面"宽度为 210 毫米、"前勒口"宽度为 50 毫米、书籍高度为 297 毫米，如图 10-34 所示。

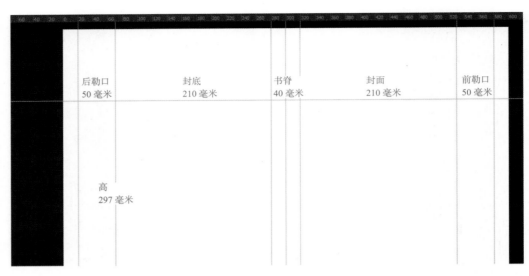

图 10-34　图纸设置及各区域划分标注

 **知识拓展**

打开标尺工具后，如果标尺工具的数据不是毫米，应调整标尺单位为毫米执行"编辑"→"首选项"→"单位与标尺"命令，可将标尺工具的单位改为"毫米"，方便设置书籍尺寸。

步骤 2　打开"青绿山水 .jpg"素材，将其载入"书籍装帧"文件，并运用"应用变换"命令，调整其大小，如图 10-35 所示。

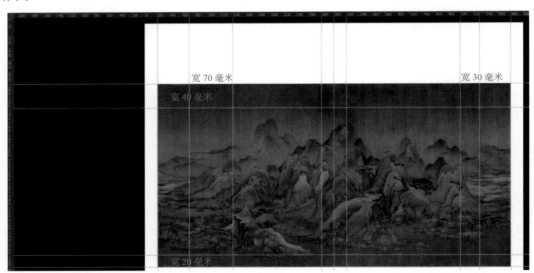

图 10-35　调整素材图像位置并对齐标尺

步骤 3　使用"前景色"红色（R248/G74/B51）、"背景色"深红（R187/G38/B20），使用矩形选框工具，沿新绘制的标尺参考线绘制矩形，新建图层命名为"红底"图层，将渐变工具设置成由前景色到背景色的模式，并选择"径向渐变"，由书籍上部为渐变起点，向四周填充渐变，如图 10-36 所示。

图 10-36 填充书籍封面底色

**2. 制作三维文字效果**

步骤 4 新建文字图层"中",设置"大小"为 110 毫米,字体颜色为深灰色,字体为浑厚形态,再复制一个文字"中拷贝"图层,并将新建图层中的文字颜色调整为深红色(R57/G6/B0),运用自由变换工具,单击右键,在弹出的菜单中选择"斜切",将文字向右下角拖曳,右键选择"缩放"同时按 Shift 键向右将字体拉宽并确认,效果如图 10-37 所示。

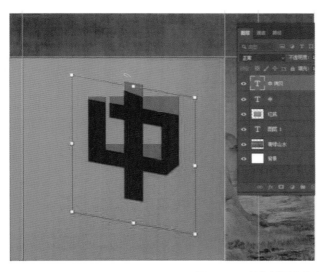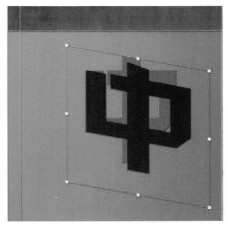

图 10-37 制作封面文字立体效果

步骤 5 选择灰色的文字图层"中",进行图层复制,将新建的"中拷贝 2"图层顺序拖至最上方,并将文字换成前景色的红色(R248/G74/B51),如图 10-38 所示。

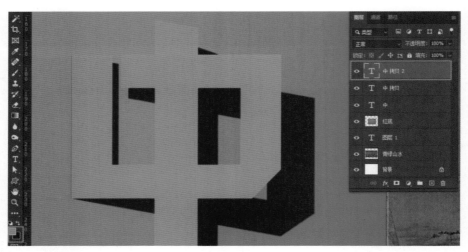

图 10-38　制作封面文字立体效果

步骤 6　在"中拷贝 2"图层单击鼠标右键，在弹出的菜单中选择"转换成形状"命令，进行自由变换；单击鼠标右键，在弹出的菜单中选择"斜切"命令，将文字向上拖动，并右键选择"缩放"向左收；单击鼠标右键选择"变形工具"，将文字拉出纸张翻页的效果，如图 10-39 所示。

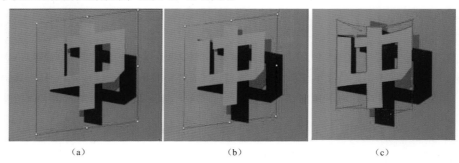

（a）　　　　　　　　　　　　（b）　　　　　　　　　　　　（c）

图 10-39　调整文字立体效果
（a）"斜切"文字；（b）"缩放"文字；（c）"变形"文字

步骤 7　复制"青绿山水"图层，将图层顺序调整至"中"图层上方，单击右键，执行"创建剪贴蒙版"命令，如图 10-40 所示。

图 10-40　制作文字的"镂空"效果

步骤 8　选择"中拷贝"图层，在图层上单击鼠标右键，在弹出的菜单中选择"转换成智能对象"命令，选择"滤镜"→"模糊画廊"→"移轴模糊"命令，调整路径方向，并将"倾斜偏移"→"模糊"调整为"100 像素"，将"中拷贝"图层模式调整为"正片叠底"模式，效果如图 10-41 所示。

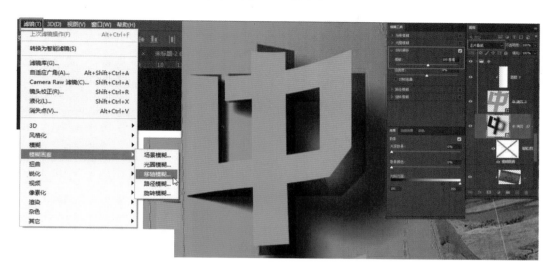

图 10-41　制作"镂空"文字的光影效果（1）

步骤 9　选择"中"文字图层，在"图层样式"对话框中勾选"内阴影"选项，调整内阴影"颜色"为深红色，"不透明度"为"65%"，"角度"为"-40°"，"距离"为"23 像素"，"阻塞""为 29%"，"大小"为"95 像素"，如图 10-42 所示。

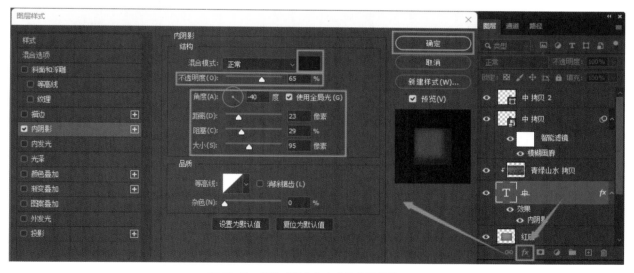

图 10-42　制作"镂空"文字的光影效果（2）

步骤 10　在图层面板最上层新建"图层 2"，单击鼠标右键，在弹出的菜单中选择"新建剪贴蒙版"命令，设置"渐变"样式由白色到透明，选择"径向渐变"，由右向左拉出渐变效果，将"图层 2"的图层效果调整为"叠加"模式，如图 10-43 所示。

步骤 11　为保持图层面板的清晰整洁，将所有与"镂空"文字相关的图层，整理为图层组【按住 Shift 键点选图层面板缩略图中的各个图层（"Ctrl+G"组合键）】，将图层组命名为"中"，以图层组为主体将"镂空"文字组整体进行角度的旋转，如图 10-44 所示。

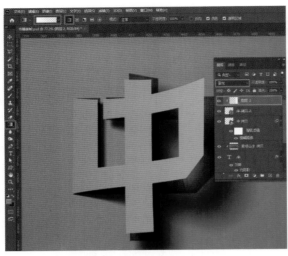

图 10-43　完善"镂空"文字的光照效果　　　　　　图 10-44　继续完善"镂空"文字效果

步骤 12　参照"中"字的制作方法，继续完成"国"字的效果。输入其他文案信息，在封底新建竖行白色文字"了不起的中国"，设置"图层效果"为"叠加"，完善封底深红色配文，在书脊处填充深红色（R163/G39/B24），将图层效果设置为"正片叠底"，并输入竖行的书名、作者姓名、出版社信息，最终效果如图 10-32 所示，整体文案信息效果如图 10-45 所示。

图 10-45　书籍封面文案信息效果

微课："中国风"
书籍 1——底图
制作

微课："中国风"
书籍 2——三维文
字制作

微课："中国风"
书籍 3——细节
优化

# 附　录

## 素材资源包及“课中测”参考答案

素材资源包

“课中测”参考答案

# 参 考 文 献

［1］［美］戴顿，［美］吉莱斯皮 . PHOTOSHOP CS3/CS4 WOW!BOOK [M]. 李静，贺倩，李华，译 . 北京：中国青年出版社，2011.

［2］李涛 . Photoshop CS5 中文版案例教程 [M]. 北京：高等教育出版社，2012.

［3］李金明，李金荣 . 中文版 Photoshop CS6 完全自学教程 [M]. 北京：人民邮电出版社，2012.

［4］郑欣 . PHOTOSHOP 教程 [M]. 北京：中国民族摄影艺术出版社，2014 .

［5］廉文山，张航，毕晓峰 . Photoshop CS6 完全实例教程 [M]. 北京：人民邮电出版社，2014.

［6］贾嘉，陈德丽 . Photoshop 操作基础与实训教程 [M]. 武汉：武汉大学出版社，2015.

［7］贾嘉，杨雅婷，李颖 .Photoshop 图形图像处理从入门到精通——MOOC 学习指导教程 [M]. 武汉：武汉大学出版社，2021.

［8］思缘教程网 http://www.missyuan.net/.

［9］飞特网 http://www.fevte.com/.

［10］nipic 昵图网 http://www.nipic.com/.

［11］天堂图片网 http://www.ivsky.com/.

［12］素彩网 http://www.sc115.com/.

［13］百度图片网 https://image.baidu.com/.